Dorothee Dahl

Meine Herde hinterm Haus

Natürliche Schafhaltung für Einsteiger

LANDLEBEN

Haftungsausschluss

Autorin und Verlag haben den Inhalt dieses Buches mit großer Sorgfalt und nach bestem Wissen und Gewissen zusammengestellt. Für eventuelle Schäden an Mensch und Tier, die als Folge von Handlungen und/oder gefassten Beschlüssen aufgrund der gegebenen Informationen entstehen, wird keinerlei Haftung übernommen.

Gender-Erklärung

Aus Gründen der besseren Lesbarkeit verzichten wir im Cadmos-Verlag auf die gleichzeitige Verwendung der Sprachformen männlich, weiblich und divers (m/w/d) und wählen jeweils die männliche oder weibliche Form von personenbezogenen Hauptwörtern. Dies soll jedoch keinesfalls eine Geschlechterdiskriminierung oder eine Verletzung des Gleichheitsgrundsatzes zum Ausdruck bringen. Frauen, Männer und Diverse mögen sich von den Inhalten unserer Publikationen gleichermaßen angesprochen fühlen.

Für Hobbyschafhalter

Dieses Buch wendet sich an Hobbyschafhalter, die Schafhaltung in kleinem Stil betreiben wollen, sowie an Züchter, die sich für die Erhaltungszucht seltener Schafrassen, sowie die Rassezucht und das Schauwesen interessieren. Für Schafhalter aus der landwirtschaftlich-kommerziellen Tierzucht und Lebensmittelproduktion ist es aus verschiedensten Gründen (z.B. Hygienevorschriften, Lebensmittelproduktionsgesetze) in der Praxis weniger geeignet.

Impressum

LANDLEBEN im CADMOS Verlag

Copyright © 2022 Cadmos Verlag GmbH, München

Lektorat: Jan Hatje

Covergestaltung, grafisches Konzept: Gerlinde Gröll, www.cadmos.de
Satz: Greta Grünsteidl
Fotos am Umschlag: Janine Hegendorf (Cover), Jil Ziegner (Porträt auf U4)
Fotos im Innenteil: Falls nicht anders angegeben, sind die Fotos in diesem Buch von Janine Hegendorf. Die Portraits der Autorin und der Fotografin wurden von Jil Ziegner fotografiert. Das Foto vom Filzkleid machte Frank Fritschy. Alle anderen Fotos stammen von Shutterstock.
Illustrationen: Shutterstock/bsd studio

Druck: www.graspo.com

Deutsche Nationalbibliothek – CIP-Einheitsaufnahme

Die Deutsche Nationalbibliothek verzeichnet diese Publikation in der Deutschen Nationalbibliografie; detaillierte bibliografische Daten sind über http://dnb.ddb.de abrufbar.

Alle Rechte vorbehalten.

Das Werk ist einschließlich aller seiner Teile urheberrechtlich geschützt. Jede Verwertung außerhalb der engen Grenzen des Urheberrechtsgesetzes ist ohne Zustimmung des Verlages unzulässig und strafbar. Das gilt insbesondere für Vervielfältigungen, Übersetzungen, Mikroverfilmungen und die Einspeicherung und Verarbeitung in elektronischen Systemen. Abdruck oder Speicherung in elektronischen Medien nur nach vorheriger schriftlicher Genehmigung durch den Verlag.

Printed in EU

ISBN: 978-3-8404-3070-1

> Den Frieden bauen,
> heißt den Stall
> weit genug bauen,
> damit
> die ganze Herde
> darin schlafe.
>
> Antoine de Saint-Exupéry

Foto © Janine Hegendorf

Janine Hegendorf

Inhalt

Anne Krüger-Degener
und ihre Scottish-Blackface-Schafe, denen sie zusammen mit vielen anderen Tieren auf dem Degener-Hof in Melle ein liebevolles Zuhause bietet.

Foto ©Jan Degener

VORWORT

Wer Anne und ihre zwei- und vierbeinige Familie einmal in Aktion gesehen hat, weiß: Da steckt so viel Liebe, Wissen und Erfahrung drin, dass man von allen Krüger-Degeners in jeder Hinsicht ganz viel lernen kann.

In ihrer ökologisch geführten Schäferei im niedersächsischen Melle gibt es eine wundervolle große Herde bildschöner Scottish-Blackface-Schafe und in der Tierschule auf dem Degener-Hof werden Pferde und Hunde mit ihren Menschen ausgebildet. Annes Border Collies gehören zu den wichtigsten Mitarbeitern der Berufsschäferin, die mit ihren Schafen Landschaftspflege betreibt.

Ich freue mich so sehr, dass Anne das Vorwort zu diesem Buch verfasst hat. Als Profi und Ausbilderin weiß sie besonders gut, wie wichtig es ist, dass neue Schafhalter von Anfang an lernen, würdevoll und tiergerecht mit den ihnen anvertrauten Lebewesen umzugehen. Ich schätze Annes Arbeit und Sichtweise enorm und kann jedem, der sich theoretisch und praktisch weiterbilden möchte, ihre Workshop-Angebote (live vor Ort auf dem Degener-Hof und online) von Herzen empfehlen. Weitere Informationen findest du im Anhang.

Das schönste Geräusch der ganzen Welt machen Mutterschafe, wenn sie ihre Neugeborenen begrüßen. Es ist ein Geräusch wie Nachhausekommen, voller Wärme, Willkommen und Frieden. Es ist der Inbegriff der Fürsorge, der Mütterlichkeit.

Schafe faszinieren, berühren und holen uns Menschen ab aus einer Welt, in der die Jagd nach der Zukunft und das Grübeln über die Vergangenheit eine große Rolle spielt. Schafe holen uns direkt und ohne Umwege in ein Jetzt. Ein Jetzt, das sich groß und warm ausbreitet und uns in weiche Wolle, Mutterwitz und die Dynamik der Herde bettet.

Liebe Doro, genau das ist dir gelungen: Du hast ein Buch geschrieben, das die Leidenschaft für diese so faszinierenden Tiere direkt in die Herzen deiner Leser bringt. Du hast mit großer Sorgfalt und überaus praxisnah nicht nur die lebenswichtigen Grundvoraussetzungen für eine gelungene Schafhaltung transportiert, nein, vielmehr lässt du die Leser teilhaben an deiner Leidenschaft für diese so einzigartigen Tiere.

Es ist das System Herde, das auf den Pfeilern Bindung, Regulativ und gezielter Raumaufteilung ruht. Ein logisches, ein intelligentes System, dieses System Herde. Es schult uns Menschen, das räumliche Denken ebenso wie die räumlichen Kommunikationswege. Die Sprache der Herde ist sehr sensitiv und leiblich, mit Kommunikationswegen, die dazu dienen, dass es eindeutig und friedlich zugeht innerhalb der Gruppe. Es ist das System Herde, das Überleben über Jahrtausende gesichert hat, und genau dieses archaische System Herde zieht uns bis heute in seinen Bann. Manchmal aus Neugierde, es ebenso gut hinzubekommen, im eigenen Clan, manchmal aus Sehnsucht nach dem Gefühl des Dazugehörens.

> Das Ganze ist mehr als die Summe seiner Teile.
> (Aristoteles)

Herdensysteme berühren und bewirken etwas in uns. Und Schafe in ihrer wundervollen Vielfalt haben definitiv einen Schlüssel zu unserer Seele.

Ich wünsche dir, liebe Doro, dass dein Buch diese Leidenschaft hinausträgt in die Welt, und ich bin mir sicher, dass du nicht nur das Leben der Schafe damit bereicherst, sondern dass du ebenso das Leben vieler Menschen mit der Faszination der Herden berührst.

Von ganzem Herzen und
in tiefer Verbundenheit

Anne

EINE LIEBES

Wenn Schafe mit Familienanschluss leben, ist es nicht schwer, zu jedem einzelnen Schaf eine liebevolle Beziehung aufzubauen.

ERKLÄRUNG

Foto © Janine Hegendorf

Stell dir vor, du kommst nach Hause und eine kleine Herde wolliger Vierbeiner läuft sofort ans Tor, um dich zu begrüßen. Du steigst vom Fahrrad oder aus dem Auto, kraulst dein Lieblingsschaf hinter den Ohren und bekommst dieses warme Gefühl, das einen ergreift, wenn man willkommen ist.

Wie Schafe das Leben auf dem Land bereichern …

Wer Schafe hat, verbringt ganz von selbst viel Zeit in der Natur. Foto © Janine Hegendorf

Von wegen dummes Schaf!

Klar, hoffen die Schafe darauf, dass du ihnen etwas Leckeres mitgebracht hast, denn auch bei ihnen geht die Liebe durch den Magen. Aber selbst wenn das Interesse an einem Stück getrockneten Brot oder ein paar Äpfeln überwiegt, erkennen Schafe doch nach Jahren noch das Gesicht oder die Stimme der Person, die sie über längere Zeit versorgt hat und zu der sie einen Bezug aufbauen konnten. Untereinander sind sie übrigens in der Lage, sich die Gesichter ihrer Artgenossen zu merken und damit jederzeit zu wissen, mit wem sie es zu tun haben.

Familienanschluss

Mir geht immer das Herz auf, wenn ich aus meinem Arbeitszimmer schaue und Emeline rufe, die ich als Lamm mit der Flasche großgezogen habe. Sofort hebt sie den Kopf, und wenn ich Glück habe, antwortet sie mir sogar mit einem wohligen kurzen Blöken, das uns kurz und freundlich miteinander verbindet. Wir bestätigen uns auf diese Weise gegenseitig, dass wir uns wahrgenommen haben, und danach geht jede wieder ihres Weges. Zu romantisch gedacht? Vielleicht, aber eines ist sicher: Wenn man Schafe mit Familienanschluss hält, wird man entdecken, wie intelligent, freundlich und sensibel diese Tiere sind und wie viel Freude es macht, dafür zu sorgen, dass sie sich rundum wohlfühlen.

Zusammen in der Natur

Wer das Glück hat, auf dem Land einen schönen Ort zu finden, an dem es sich gut leben lässt, der kann mit seinen Schafen genau das tun, wonach sich so viele Menschen sehnen. Viel Zeit in der Natur zu verbringen, frische Luft einzuatmen und sich ausreichend zu bewegen gehört zu den Vorzügen, die man genießen kann, wenn man sich für natürliche Schafhaltung am Haus entscheidet.

Natürlich bedeutet in diesem Zusammenhang, dass den Schafen ein Lebensraum geboten wird, der ihren ursprünglichen Bedürfnissen gerecht wird. Herdenleben, Platz für Streifzüge über die Wiese, naturbelassenes Futter und die Auseinandersetzung mit Wind und Wetter sind dabei die Grundpfeiler einer Haltung, die sich am Schaf orientiert und nicht an wirtschaftlichen Bedingungen und Effizienz in der sogenannten Nutztierhaltung. Das eine schließt das andere jedoch nicht zwangsläufig aus, und ich kenne viele Berufsschäfer, die alles für ihre Herde tun, damit die Tiere ein Leben haben, das ihren Bedürfnissen entspricht. Trotzdem müssen in der kommerziellen Schafhaltung Rahmenbedingungen erfüllt werden, die Hobbyschafhalter getrost außer Acht lassen können.

Emeline gehört schon lange zu unserer Familie. Wir haben sie mit der Flasche aufgezogen und lieben das Lächeln dieses zauberhaften Herdwick-Schafs. Foto © Janine Hegendorf

Egal ob Profi- oder Hobbyschafhalter – bei Wind und Wetter draußen zu sein gehört immer dazu. Mit der richtigen Kleidung und einer gesunden Einstellung kein Problem. Und es lohnt sich, denn als Schafhalter auf dem Land wird man immer wieder reichlich belohnt: Mit einem zauberhaften Sonnenaufgang zu einer Zeit, zu der man sich normalerweise noch mal in seinem Bett herumgedreht hätte, zum Beispiel. Oder mit dem kleinen Stupser des Lämmchens, das mitten in der Nacht auf seine Flasche gewartet hat. Nach getaner Arbeit auf die friedlich grasende Herde zu blicken ist ebenso schön, wie die Ärmel hochzukrempeln und mit frischem Mut den Stall auszumisten. Das Abo im Fitnessstudio kann man jedenfalls spätestens dann absagen, wenn die ersten Schafe eingezogen sind.

Weibliches Schaf: Mutterschaf, Aue oder Zibbe

Männliches Schaf: Bock oder Widder

Diese beiden Gotland-Schafe sind junge weibliche Tiere, die noch keine Lämmer haben. Foto © Janine Hegendorf

Überschaubare Verantwortung

Schon zwei Schafe bilden eine Herde, und so kann man als Hobbyschafhalter klein anfangen und mit einer überschaubaren Anzahl erst einmal lernen, was es bedeutet, Verantwortung für diese Tierart zu übernehmen. Man kann erfahren, wie schön es ist, jeden Tag direkten Kontakt zu seinen Schafen zu haben und sich gegenseitig kennenzulernen. Auf diese Weise gelingt es einem immer besser, die Schafe genau zu beobachten und zu erkennen, ob alles in Ordnung ist. Später reicht ein Blick auf die Herde, um Unregelmäßigkeiten zu erkennen und die Entscheidung zu treffen, ob direktes Eingreifen erforderlich ist. Wer Schafe am Haus hält und Kinder hat, kann diese von Anfang an mit einbeziehen. So lernen sie, den Tieren ruhig zuzuschauen und kleine pflegerische Handlungen mit Unterstützung der Erwachsenen durchzuführen. Sie sehen, wie Lämmer geboren werden und aufwachsen, und sie können dabei helfen, die Schafe auf eine andere Weide zu bringen, Netze aufzustellen und nach der Schafschur die Wolle zu verarbeiten.

Natürliche Schafhaltung bedeutet:

- Leben im festen Herdenverband
- Offenstall und Wiese
- Bewegungsfreiheit und Weidewechsel
- Ausgewogenes und naturbelassenes Futter
- Regelmäßige Schur* und Pflege

*mit Ausnahme der Rassen, die Haare oder Wolle verlieren und deshalb nicht geschoren werden

Langjährige Freundschaft

Da Schafe bei guter Pflege verhältnismäßig alt werden können, begleiten und bereichern sie das Leben auf dem Land oft über viele Jahre hinweg. Sie bieten nicht nur ein ansprechendes Bild auf der Wiese und halten das Gras kurz, sondern tragen mit ihren unterschiedlichen Charakteren und Verhaltensweisen dazu bei, dass keiner die kleinen und großen Schafpersönlichkeiten mehr missen möchte.

Bei der natürlichen Schafhaltung können sich alle Familienmitglieder die Aufgaben teilen. Antonia kümmert sich jedes Jahr um die Lämmchen und lernt so, Verantwortung zu übernehmen.

Foto © Janine Hegendorf

NATÜRLICHE SCHAFHALTUNG FÜR EINSTEIGER

Wichtige Grundlagen und leicht verständliche Anleitungen

Was brauchen Schafe, um sich wohlzufühlen?
Wie viel Zeit muss man für die Versorgung einkalkulieren und wie macht man von Anfang an möglichst alles richtig?

Diese und andere Fragen beantworte ich in diesem Kapitel, damit es nicht nur den Schafen, sondern auch ihren neuen Besitzern gut geht. Richtig vorbereitet gibt's schlaflose Nächte dann nur noch, wenn die Flaschenlämmer da sind. Dazu mehr im Kapitel über Trächtigkeit, Geburt und Lammaufzucht.

Schafe halten, weil …

… es einfach schön ist, mit Schafen zu leben.

… du immer schon Schäfer werden wolltest.

… sie die Wiese kurz halten sollen.

… man die Wolle verspinnen kann.

… sie Teil eines Selbstversorgerprojekts sind.

… du gerettete Tiere bei dir aufgenommen hast.

… du Schafskäse selbst machen möchtest.

Warum eigentlich Schafe?

Irgendwann hat mich mal jemand gefragt, warum ich Schafe habe. Und ich merkte, dass ich darüber vorher noch nie bewusst nachgedacht hatte. Ich glaube, das hat damit zu tun, dass Tiere schon immer ganz selbstverständlich zu meinem Leben gehören.

Schafe hatten wir früher zu Hause, und ich habe es schon immer gemocht, mit dieser freundlichen und wollig weichen Spezies zu tun zu haben. Trotzdem finde ich die Frage nach dem Warum wichtig, und sie ist nicht nur hilfreich, wenn es um die Schafhaltung geht. Bevor man die Verantwortung für Tiere übernimmt, ist es tatsächlich eine gute Idee, sich zu fragen, woher dieser Wunsch kommt. Ist es die Freude daran, für ein Tier zu sorgen und eine Tierart durch und durch kennenzulernen? Oder ist es vielleicht der Wunsch, als Selbstversorger auf dem Land nicht nur den Rosmarin, sondern auch die passenden Lammkoteletts selbst zu produzieren?

Vielleicht magst du auch einfach das schöne Bild von Schafen rund ums Haus und freust dich über die herumtollenden Lämmchen auf der Frühlingswiese? Im Zuge des Älter- und Weiserwerdens habe ich mir immer wieder die Frage gestellt, ob man Tiere unbedingt besitzen muss. Wer Weidefläche zur Verfügung hat, kann diese natürlich auch zunächst einem Schäfer anbieten, dessen Gruppe du beobachten und mitversorgen kannst. Man kann Absprachen über die Stall-, Zaun- und Weidepflege treffen und als Anfänger bei der Mitarbeit jede Menge lernen. Wenn dann der Funke übergesprungen ist, kann man unter der Anleitung des erfahrenen Schäfers seine eigene kleine oder größere Herde aufbauen.

Ich liebe Schafe und finde bei der Arbeit im Stall und auf der Weide Ruhe und Entspannung.
Foto © Janine Hegendorf

Wenn du dich dazu entschieden hast, Schafe bei dir aufzunehmen, dann hilft dir deine persönliche Antwort auf die Frage nach dem Warum auch, eine Rasse zu finden, die zu deinem Leben passt, und den Tieren mit viel Liebe und dem nötigen Wissen gerecht zu werden.

Klein anfangen oder groß durchstarten?

Das Schaf ist ein Herdentier und darf niemals allein gehalten werden. Mindestens zwei Schafe müssen es sein, vier ermöglichen natürliches Herdenverhalten. Klein anfangen ist aber auf jeden Fall eine empfehlenswerte Option für Einsteiger. Je nach Platz, Zeit und Begeisterung bleibt es dann möglicherweise bei wenigen Tieren oder das Ganze wird zu einer großen Leidenschaft, die einen nie mehr loslässt. Was man bei den unterschiedlichen Möglichkeiten beachten muss, erkläre ich gleich anhand einiger Beispiele aus der Praxis.

Das geschenkte Schaf

Im Gespräch mit anderen Menschen auf dem Land kommt man schnell auf Schafe, Hühner und andere beliebte Weidetiere. Wer da äußert, dass er ein Schaf haben will, hat nicht selten gleich am nächsten Tag jemanden vor der Tür stehen, der eins abgeben möchte. Aufgabe der Schafhaltung kann ein Grund sein, ein verwaistes Lamm, ein Besitzer, der sich nicht mehr kümmern kann, oder die Hoffnung eines Hobbyschafhalters, die übrig gebliebenen Bocklämmer nicht schlachten zu müssen, wenn sie ein neues Zuhause finden. Grundsätzlich eine ideale Situation, in der Folge aber auch nicht unproblematisch. Wer die Frage nach dem Warum für sich beantwortet hat, kann hier eine vernünftige Entscheidung treffen.

Dazu muss man wissen, dass es leider oft nicht gelingt, ein einzelnes Schaf erfolgreich zu vergesellschaften. Eine Freundin hat ein verwaistes Lamm mit nach Hause genommen und mit der Flasche großgezogen. Es lebte in der Küche und verhielt sich mehr wie ein Hund als ein Schaf. Schnell wurde es aber deutlich größer, schwerer und wilder als der Hund des Hauses, und es musste eine Lösung gefunden werden. In der

Für Einsteiger empfiehlt sich, mit einer kleinen Herde anzufangen. Wer spätestens dann seine Leidenschaft für Schafe entdeckt, kann immer noch groß durchstarten. Foto © Janine Hegendorf

ursprünglichen Herde wurde es verstoßen, mit einem anderen Flaschenlamm verstand es sich nicht, und so landete es in einem Streichelzoo, in dem es nach dem Tod des alten Schafs nur noch eine Ziege gab. Die beiden haben dann eine Art Notgemeinschaft gegründet und leben noch heute dort friedlich zusammen. Solche Lösungen sollten eher die Ausnahme als die Regel sein, denn nur das Leben mit Artgenossen wird den Bedürfnissen des Tieres gerecht.

Wer eine Rasse züchten und erhalten will, sollte sich deshalb eher nach geeigneten Zuchttieren umsehen. Wem es egal ist, welcher Rasse das Schaf angehört, der kann auch ältere Abgabetiere zu sich nehmen, die ein neues Zuhause suchen, oder Bocklämmer kastrieren lassen, damit sie auf Dauer zusammen gehalten werden können. (Leider ist die Kastration keine Garantie dafür, dass es mit dem friedlichen Zusammenleben in der Schafbock-WG klappt. Manchmal kommt man auch zu einem späteren Zeitpunkt nicht darum herum, die wilden Kerle doch noch räumlich zu trennen.)

Bekommt man als Anfänger gleich eine ganze Gruppe mit mehreren Alttieren angeboten, sollte man sich unbedingt von einem Schafexperten beraten lassen. Sind die Schafe gesund und munter, kann man so leicht und ohne große Anschaffungskosten in die Schafhaltung starten. Wenn die Tiere alt und weniger gut gepflegt sind, ist Vorsicht geboten. Es kann sein, dass die Tierarzt- und Pflegekosten gleich am Anfang erschreckend hoch sind. Auf der anderen Seite macht es große Freude, älteren Tieren ein Zuhause zu geben und kranke Tiere wieder aufzupäppeln. Wer das gewissenhaft anpackt und sich beraten lässt, hat später wahrscheinlich viel Spaß an den Adoptivschafen und sicher jede Menge dazugelernt.

Zwei oder mehr Mutterschafe

Erst einmal zwei oder vier weibliche Tiere einer Rasse anzuschaffen ist überschaubar und macht das sukzessive Aufstocken des Bestands leicht. Wenn sie sich eingelebt haben, kann man sie von einem geliehenen Bock decken lassen und mit der weiblichen Nachzucht die Herde erweitern. Bocklämmer müssen allerdings bei Geschlechtsreife getrennt gehalten, kastriert, abgegeben oder geschlachtet werden.

Die Anschaffung von zwei trächtigen Mutterschafen bringt gleich das volle Programm mit sich und erfordert Zeit und Aufmerksamkeit rund um die Lammzeit. Als ich die Liebhaberrasse Herdwick in England im Lake District kennengelernt hatte, habe ich mir in den Kopf gesetzt, dass es genau diese Rasse sein soll. Die großen kräftigen Schafe mit der bildschönen Wolle faszinierten mich von ihrem Anblick und Ausdruck so, dass ich mich auf die Suche nach Lämmern machte, die der Start für meine eigene kleine Herde sein sollten. Ich lernte zwei Schäfer kennen, die eine Herde Herdwicks aus England importiert hatten und deren Nachzucht ich kaufen konnte. Als ich gerade alles organisiert hatte, um die Schafe zu mir zu holen, gab es wegen der damals herrschenden Maul- und Klauenseuche ein Transportverbot. Das dauerte mehrere Monate und die Schafe wurden älter. Als ich sie dann endlich holen konnte, waren die Damen schon sehr groß, sehr scheu, und es war wegen ihrer Größe und Kraft gar nicht leicht, mit ihnen umzugehen. Erst nach einem halben Jahr und täglichen Übungen wurden sie so zahm, dass ich sie problemlos allein versorgen konnte. Der Herdwick-Bock eines befreundeten Schäfers deckte sie, und im zweiten Jahr bekamen beide Zwillinge, von denen sie jeweils das Zweitgeborene einfach auf der Weide liegen ließen. Wie es weiterging und warum alles doch noch gut wurde, erzähle ich im Kapitel über die Aufzucht.

Es ist schwer zu widerstehen, wenn man so ein süßes Lämmchen angeboten bekommt. Foto © Janine Hegendorf

Die weiblichen Tiere, mit denen man in die Schafhaltung startet, müssen nicht zwingend einer Rasse angehören. Es stellt sich aber die Frage, ob es erstrebenswert ist, bunt gemischte Gruppen weiter untereinander zu verpaaren. Kontinuität in Wollbeschaffenheit, Fleischqualität und Gesundheit ist nicht gewährleistet und kann dazu führen, dass keiner die Nachzucht haben will.

Schafbock

So wie manche Pferdeliebhaber unbedingt einen Hengst halten wollen, gibt es Schafhalter, die den imposanten Ausdruck eines Schafbocks gern auf ihrer Weide sehen möchten. Mit der Anschaffung eines einzelnen Schafbocks tut man weder sich selbst noch dem Tier einen Gefallen. In einer kleinen Herde kann er zwar eine Saison lang decken, spätestens nach zwei Jahren muss wieder frisches Blut in die Zucht, und dann sollte der Chef der Truppe bestenfalls weiterziehen.

Einen Schafbock sollte sich deshalb nur derjenige anschaffen, der gezielt damit züchten möchte. Herauszufinden, welches der geeignete Bock ist, der die gewünschten Eigenschaften vererbt, ist schon hohe Schule und genau wie der Hengst im Stall meiner Meinung nach nichts für Anfänger. Hat man sich eine kleine Zuchtgruppe aufgebaut, kann man besser innerhalb eines Schafzuchtverbands einen Bock ausleihen oder den eigenen tauschen.

Die nicht ganz unproblematische Kastration von Bocklämmern habe ich schon erwähnt, wer nicht züchten und nicht schlachten will, kann versuchen, ob es mit dem Zusammenleben früh kastrierter Bocklämmer klappt. Grundsätzlich ist dies allerdings die am wenigsten empfehlenswerte Version.

Wie viel Platz brauchen Schafe?

Grundsätzlich antworte ich auf die Frage, wie viel Platz Schafe benötigen, mit: „Mehr, als man denkt." Diese Antwort ist jedoch nicht vollständig, denn auch Größe und Rasse sind Faktoren, die für die passende Beset-

Die Haltung eines stattlichen Schafbocks ist für Anfänger eine Herausforderung. Für den Aufbau einer Herde kann man sich beim Schafzuchtverband einen gekörten (zur Zucht zugelassenen) Bock ausleihen.
Foto © Shutterstock/HowDee 1978

zung von Weideflächen eine Rolle spielen. Die ursprünglichen Soay Schafe haben zum Beispiel einen ausgeprägteren Fluchtinstinkt als die meist gelassenen Coburger Füchse. Letztere haben einen größeren Futterbedarf als ihre wilden kleinen Artgenossen, weil sie fast doppelt so schwer werden können. Es geht aber nicht nur um den reinen Platzbedarf, auch Bodenbeschaffenheit und Futtermanagement sind zu berücksichtigen.

Weide und Stall

In der natürlichen Schafhaltung gehen wir davon aus, dass die Schafe den Raum bekommen, den sie als Fluchttiere brauchen, um ein gutes Stück rennen zu können. Der Zufluchtsort bietet gleichzeitig Schutz vor extremen Wetterbedingungen und starker Sonne. Unterstand oder Stall müssen allen Tieren Platz bieten, und wenn sie Hörner und besonders dicke Wolle haben, muss der Raum entsprechend größer sein. Sonst passiert es nämlich, das rangniedrigere Tiere draußen bleiben oder nicht an das benötigte Futter kommen. Manche Berufsschäfer, die ihre Tiere im Winter im Stall halten, scheren diese vor der Aufstallung, um den Platzbedarf zu reduzieren. Das entspricht nach meinen Ideen nicht der natürlichen Schafhaltung, denn die geschorenen Tiere können im Winter nicht nach draußen, weil sie sonst frieren würden. Die ganzjährige Weidehaltung mit Offenstall entspricht den Bedürfnissen der Schafe am meisten. Im Kapitel über Offenstall- und Weidehaltung erfährst du alles, was du wissen musst, wenn du den Wohnraum für deine Schafe so gestalten willst, dass sie ein glückliches Schafleben führen können.

Bodenbeschaffenheit

Wir leben an einem kleinen Fluss, der in den Wintermonaten manchmal über seine Ufer tritt. Dadurch werden die angrenzenden Weiden sehr feucht. Wir lassen die Wiesen dann so lange ruhen, bis sie wieder

Pi mal Daumen

- Zwölf Schafe pro Hektar als Ausgangspunkt –
- je nach Rasse und Größe –
- und abhängig von Bodenbeschaffenheit und Futtermanagement.

Der Platz, den Schafe im Stall und auf der Wiese brauchen, ist nicht zu unterschätzen. Die Fluchttiere müssen sich frei bewegen können und jedes Schaf benötigt eine trockene Liegefläche.
Foto © Shutterstock/Raymond Douglas Ewing

fest und trocken sind. Nässe und Matsch können für Schafe gefährlich werden, die Klauen werden feucht und faulen, und wenn sich die Tiere zum Wiederkäuen hinlegen, kann die Feuchtigkeit dazu führen, dass sie zu stark auskühlen. Krankheitskeime machen sich in dem stehenden Wasser breit und schädliche Parasiten entwickeln sich, sobald es wieder wärmer wird. Wir haben das Glück, auf höher gelegene trockene Weideflächen ausweichen zu können. Wer nur feuchte Wiesen hat, muss einen trockenen Stall bauen, in dem die Schafe eine saubere Einstreu vorfinden. Dort können sie sich hinlegen und Klauen und Wolle trocknen wieder. Trotzdem muss bei feuchten Wiesen penibel auf Parasitenbefall geachtet werden. Dazu mehr im Kapitel über Klauenpflege, Schafschur und Krankheitsvorbeugung.

Es gibt allerdings Schafrassen, die aus wärmeren Gefilden kommen und deshalb keinerlei Feuchtigkeit auf ihrem Weidegrund vertragen. Den Kamerunschafen täte man zum Beispiel keinen Gefallen mit einer eher nassen Wiese. Sie brauchen trockenen und eher sandigen Untergrund, um gesund zu bleiben.

Futtermanagement

Im Kapitel über die Fütterung gehe ich ausführlich auf die Nahrungsbedürfnisse natürlich gehaltener Schafe ein. Da die zur Verfügung stehende Menge und die Qualität des Grases dabei ausschlaggebend sind, erwähne ich schon hier die Notwendigkeit einer jährlichen Bodenprobe, bei der unter anderem der Mineralstoffgehalt gemessen wird. Die Schafe selbst kann man auf Parasiten hin untersuchen lassen, was bei einer kleinen Herde in einem überschaubaren Kostenrahmen bleibt. Es ist dann leichter, gezielte Wurmkurgaben passend zu dosieren und die Schafe nicht mit einem Übermaß chemischer Stoffe zu belasten.

Die Anzahl der Schafe auf einer bestimmten Fläche richtet sich deshalb auch danach, wie hochwertig das Gras ist und wie gut es unter den gegebenen Bedingungen wachsen kann. Damit immer ausreichend Gras zur Verfügung steht, müssen die Weideflächen gewechselt werden. Die unterteilten Stücke sollten lange genug ruhen können, damit nicht nur das Gras nachwachsen, sondern auch ein Gleichgewicht bezüglich im Boden lebender Parasiten hergestellt werden kann. Im Kapitel über Weide und Stall findest du Beispiele für optimale Wechsel- und Pflegerhythmen.

Umgang mit Schafen

Schafe sind grundsätzlich freundliche und unkomplizierte Tiere. Stell dir die Haltung dieser oft recht großen, schweren und schnellen Tiere trotzdem lieber nicht zu einfach vor. Die richtige Ausrüstung, ein geeigneter Stall und ein wenig Erfahrung helfen, zusammen mit der nötigen Ruhe, mit den Weidetieren umzugehen.

Schafe, die ihre Menschen gut kennen und ihnen vertrauen, sind unkompliziert im Umgang. Foto © Janine Hegendorf

Typisches Schafverhalten

Schafe sind sozial lebende Tiere mit großem Kontaktbedürfnis zu Artgenossen. Der Herdentrieb ist so stark, dass eine Schafherde immer zusammenbleibt Dabei laufen sie von sich aus in die gleiche Richtung. Werden sie getrennt, entsteht Unruhe, und nicht selten überwinden Schafe größere Hürden, um wieder zueinanderzugelangen. Ein bis zwei Leitschafe führen die Herde an und nehmen meistens als Erste Kontakt zu der Person auf, die die Tiere pflegt.

Als Fluchttiere sind Schafe je nach Rasse recht schreckhaft, deshalb sind ruhige Schritte und Bewegungen beim Umgang mit den Tieren wichtig. Achte darauf, dass du nicht mitten durch die Herde läufst, es kann sogar schon zwei Schafe beunruhigen, wenn sie nicht zueinanderkönnen.

Die Hauptbeschäftigung der Schafe ist die Futteraufnahme, bei der sie sich natürlicherweise vorwärtsbewegen, jedenfalls auf der Wiese. Dieser natürliche Bewegungsbedarf macht es so wichtig, dass ihnen möglichst viel Platz zur Verfügung steht.

Meistens gehen Schafe friedlich miteinander um; in der Brunstzeit, die meistens im Herbst ist, kämpfen vor allem die männlichen Tiere manchmal überraschend heftig miteinander. Sie rennen dabei aufeinander zu und man hört die Stirnplatten laut aufeinanderprallen, wenn sie sich begegnen. Dabei besteht leider auch Verletzungsgefahr. Diese macht es erforderlich, geschlechtsreife Schafböcke voneinander zu trennen. Erwachsene Schafböcke sind auch für den Menschen nicht ungefährlich. Gehe deshalb von Anfang an beherzt mit den männlichen Tieren um und wende einem ausgewachsenen Schafbock

Ideale Schäferinnen und Schäfer …

… bewahren immer die Ruhe.

… lassen keinerlei Hektik aufkommen.

… bewegen sich entspannt.

… laufen vorneweg und nicht mitten durch die Herde.

… lernen schafschonende Handgriffe bei den Profis.

… beobachten ihre Tiere bei jeder Gelegenheit.

… sprechen freundlich mit ihren Schafen.

Hier stellt sich Schäferin Karin neben das Schaf, bevor sie es umsetzt. Foto © Janine Hegendorf

Das Tier wird mit geübten Griffen in die richtige Position gebracht. Foto © Janine Hegendorf

lieber nicht den Rücken zu. Die Gefahr, dass er dich im wahrsten Sinne des Wortes auf die Hörner nimmt, ist nicht zu unterschätzen und kann sogar einen Arzt- oder Krankenhausbesuch zur Folge haben.

Einfangen und Hinsetzen

Auch wenn sich die meisten Schafe den Menschen, die sie versorgen, nach einiger Zeit leicht anschließen, ist es eine besondere Herausforderung, ein einzelnes Schaf auf die richtige Weise festzuhalten, um es zu untersuchen und zu pflegen. Es gibt verschiedene Situationen, die das erforderlich machen, deshalb ist es sinnvoll und wichtig, von Anfang an das Einfangen und Hinsetzen oder Umsetzen zu üben. Mach dir dabei immer bewusst, dass eine Trennung von den anderen für die sozial lebenden Schafe Stress bedeutet. Aus diesem Grund lässt man die kleine oder größere Herde zusammen, zumindest so, dass sich alle Tiere sehen können. Man kann sie vorsichtig in die Box im Stall oder in ein Gatter treiben, sollte dabei aber niemals hinterherrennen und nicht laut rufen. Am besten lockst du deine Schafe regelmäßig mit etwas Futter in die Box oder in das Gatter und schließt kurz und ohne Hektik den Ausgang. In den meisten Fällen machst du einfach nichts, hin und wieder steigst du ebenfalls ruhig und leise zu den Tieren in den Pferch und widmest dich einem oder mehreren Schafen, die deine Aufmerksamkeit brauchen.

Die typische Schafeigenschaft der sogenannten Verhaltensstarre kann man sich zunutze machen, denn ein hingesetztes Schaf kann sich kaum noch bewegen. In der Fachsprache nennt man das Umsetzen. Dadurch ist es leicht, es in dieser Haltung zu pflegen oder zu behandeln. Auch das kannst du regelmäßig üben, damit es im Ernstfall entspannt klappt.

Bei kleinen Schafen wie den Shetland-Schafen sehe ich immer wieder, dass sie an den Hörnern gegriffen und quasi auf den Rücken geworfen werden.

Das Gatter im Rücken hilft, in Balance zu bleiben.
Foto © Janine Hegendorf

Warum muss man Schafe manchmal einfangen und hinsetzen?

- Weil man schauen muss, ob sie schädliche Insekten in der Wolle haben.
- Weil das Schaf humpelt und man die Klauen untersuchen muss.
- Weil die Klauen des Schafs geschnitten werden müssen.
- Weil das Tier eine Wurmkur oder ein anderes Medikament braucht.
- Weil das Schaf geschoren werden soll.
- Weil der Tierarzt kommt, um das Schaf zu untersuchen.

Das ist aufgrund ihrer geringen Größe und ihres Gewichts zwar möglich, aber für die Tiere unangenehm, bedrohlich und vielleicht sogar schmerzhaft. Gerade bei den kleinen Schafrassen ist das Hinsetzen oder Umsetzen besonders leicht.

So geht's:

Es gibt verschiedene Techniken für das Umsetzen und am besten kannst du einige Male bei einem erfahrenen Schäfer zuschauen. Mit dieser Methode habe ich persönlich die besten Erfahrungen gemacht:

- Stelle dich neben das Schaf und fasse mit dem linken Arm vorn um den Hals des Tieres.
- Mit der rechten Hand greifst du in die Flanke. Dabei streckst du dein rechtes Knie ein wenig nach vorn und beugst es etwas an. So kannst du das Schaf über dein Knie in die richtige Position bringen.
- Dann hebst du das Schaf an und kippst es zu dir.
- Halte das Tier nun mit beiden Händen in Balance und setze es vorsichtig auf seinem Hinterteil ab.
- Sprich dabei beruhigend mit dem Schaf und bleibe so ruhig, wie es geht.
- Achte darauf, dass du das Schaf niemals von rechts nach links oder umgekehrt „rollst". Es kann nämlich sonst passieren, dass der Mageneingang verlegt wird und sich im Pansen Gase sammeln, nicht selten mit lebensbedrohlichen Folgen.
- Setze das Schaf nach der Behandlung möglichst unverzüglich wieder auf die Beine.

Du brauchst das Schaf nicht krampfhaft festzuhalten, sondern kannst es in Ruhe pflegen und behandeln. Gerade wenn man noch nicht so geübt ist, kann eine zweite Person gut unterstützen und das anreichen, was man braucht. Arbeitet man allein, ist es wichtig, vorher das benötigte Material bereit zu stellen, damit man es in greifbarer Nähe hat. Ein Eimer, der am Gatter hängt, ist dabei hilfreich, damit die anderen Tiere nicht in etwas hineintreten oder darüberlaufen.

Pflegen und Behandeln

Wenn du das Schaf in die Sitzposition gebracht hast, in der es, gut gestützt von dir, nun nahezu unbeweglich verharrt, kannst du es gründlich untersuchen. Schau, ob die Wolle überall gleichmäßig ist oder ob es kahle Stellen gibt, an denen womöglich Parasiten wie Fliegen, Maden oder Würmer zu sehen sind. Du kannst erkennen, wenn ein Schaf Durchfall hat, weil dann die Wolle an den Hinterbeinen mit Kot verklebt ist und stark riecht. Sieh dir auch die Augen und Zähne an und überprüfe, ob das Schaf insgesamt einen gesunden Eindruck macht.

Für die Klauenpflege sollte das Schaf ebenfalls hingesetzt werden. Wie die Klauen geschnitten und gepflegt werden und was bei der Schafschur zu beachten ist, erfährst du im Kapitel über Klauenpflege, Schafschur, Krankheitsvorbeugung und Schafkrankheiten.

Wenn der Tierarzt kommt, ist es wichtig, dass du schon vor seiner Ankunft dafür sorgst, dass die Schafe im Gatter oder in der Box stehen. Verständlicherweise reagieren Tierärzte empfindlich, wenn sie in ihrer wertvollen Zeit beim Einfangen helfen müssen.

Stelle alles bereit, was benötigt wird, und halte einen Strick und ein Schafhalfter bereit, wenn deine Schafe daran gewöhnt sind. Ein Schafhalfter muss nicht zwingend zur Ausstattung gehören und Tiere sollten es niemals dauerhaft tragen, wenn man aber nur wenige und zahme Tiere hat, kann man sie daran gewöhnen und sie damit in den Stall oder auf eine andere Weide bringen.

Arbeit mit Hütehunden

Border Collies und andere Hütehunde können unentbehrliche Helfer bei der Arbeit mit den Schafen sein. Bevor du aber deinen Hund sicher bei den Schafen einsetzen kannst, müsst ihr beide das Hüten von der Pike auf lernen. Lasse niemals einfach einen Hund auf die Schafe los, nur weil er einer Hütehundrasse angehört.

„Ein Jahr pro Pfote braucht ein Hund, um ein verlässlicher Mitarbeiter zu werden", sagt Anne

Diese englischen Ladies führen ihre Tiere mit Schafhalftern. Foto © Shutterstock/Mick Atkins

Border-Collie-Hündin Tara wartet aufmerksam auf ihren Einsatz. Foto © Janine Hegendorf

Hier treibt Karin die kleine Herde zusammen. Ihre Border-Collie-Hündin Tara unterstützt sie dabei. Für die Tiere ist es immer aufregend, gejagt zu werden. Foto © Janine Hegendorf

Krüger-Degener, die erfahrene Profischäferin, die auch das Vorwort zu diesem Buch geschrieben hat. Anne hat schon unzählige Border Collies ausgebildet, und sie betont immer wieder, wie wichtig es für diese Hunde ist, eine echte Aufgabe zu haben. Ein Border Collie, der hin und wieder zwei Schafe von rechts nach links schieben darf, ist hoffnungslos unterfordert. Deshalb sollte man sich nur dann einen für die Arbeit am Schaf gezüchteten Hütehund anschaffen, wenn man Zeit und Lust hat, sich mit der intensiven Ausbildung zu beschäftigen und dranzubleiben.

Ich selbst habe mit meiner Border-Collie-Hündin Julie mehrere Jahre hintereinander an intensiven Hütekursen teilgenommen, bei denen wir beide gelernt haben, wie man Schafe von weit entlegenen Wiesen holen, durch Tore und über Landwege führen kann oder wie man eine wartende Herde ruhig daran hindern kann, wegzulaufen. Letzteres ist vor allem beim Umsetzen von Netzen auf freien Flächen hilfreich. Der kleine Hund mit dem großen Herzen war dabei viel besser als ich, Profis sind wir aber beide nicht geworden. Ich glaube, unsere kräftigen Herdwick-Schafe und Julie hatten irgendwann ein Agreement: Wir gehen in den Stall oder in das Gatter, wenn wir dich sehen, und ansonsten lässt du uns bitte in Ruhe. In diese Absprache habe ich mich dann nicht mehr eingemischt, denn alles klappte weitgehend nach Wunsch.

Wer einmal Hütehunde bei der Arbeit gesehen hat, wird begeistert sein von der Intelligenz, Wendigkeit und dem genetisch fixierten Hütetrieb. Trotzdem darf man dabei nie vergessen, dass das Hüteverhalten eine Vorstufe der Jagd ist. Die Schafe sind die Beute, die jedoch nicht gefressen wird, jedenfalls nicht vom Hund.

Ein besonders schöner Schafstall, der alles bietet, was eine kleine Herde am Haus braucht.

Foto © Shutterstock/FooTToo

SO WOHNEN GLÜCKLI

Ein schöner Schafstall aus unbehandeltem Holz mit großen Raufen, duftendem Heu und viel Platz für die eigene kleine Herde ist ein großes Glück und für mich ein Inbegriff des Landlebens

Offenstall und Weide schafgerecht gestalten

...

CHE SCHAFE

In der natürlichen Schafhaltung steht die Tür des Stalls im Prinzip immer offen, es sei denn, ein Schaf ist krank oder ein Muttertier braucht mit seinen Lämmern besondere Aufmerksamkeit. In diesem Kapitel erfährst du, wie der Stall idealerweise gestaltet sein sollte und was es auf der Weide zu beachten gibt.

Lass dir nicht einreden, Schafe benötigten keinen Stall. Kälte macht Schafen in ihrer dicken Jacke zwar nur wenig aus, lang anhaltender Regen kann ihnen auf die Dauer aber schaden. Sie müssen einen trockenen Liegeplatz haben, an dem auch ihre Klauen trocknen können. Im Stall bleibt außerdem das Raufutter trocken und eine Behandlung der Schafe ist leichter möglich, weil man sie auf kleinem Raum besser einfangen kann.

Offenstall

Ein Stall, in dem die Tiere jederzeit ein und aus gehen können, muss je nach vorhandenen Gebäuden nicht unbedingt neu gebaut werden, es sei denn, er grenzt nicht an die Weidefläche der Tiere. Es ist sinnvoll, den Bereich vor dem Stall so zu gestalten, dass er auch bei einem regelmäßigen Weidewechsel zugänglich ist. Im Winter ist der Schutz vor extremer Nässe und Zugluft notwendig, im Sommer vor zu starker Sonneneinstrahlung. Lässt sich die direkte Anbindung nicht organisieren, muss auf den Flächen ohne Stall gewährleistet sein, dass die Schafe im Schatten trocken liegen können. Hier kann ein Sonnensegel Abhilfe schaffen. Wenn es Schatten unter Bäumen gibt, muss sie vor allem in der Mittagshitze zur Verfügung stehen. Auch wenn die Schafe geschoren sind, können sie durch die Sonne zu viel Hitze im Körper entwickeln. Der Kreislauf der Schafe ist empfindlich und Überhitzung und Unterkühlung müssen vermieden werden.

Ein guter Ort zum Verweilen

Die Öffnung des Stalls ist sinnvollerweise von der Wetterseite abgewandt, drei Seiten sind geschlossen, enthalten eventuell Fenster, an denen sich von innen eine Vorrichtung zur Beschattung befindet. Der Schafstall kann ein einfacher Unterstand sein, im besten Fall auch ein Ort, an dem Futter gelagert, Mistgabel und Schubkarre untergebracht sowie Sitzgelegenheiten für zufriedene Hobbyschäfer vorhanden sind, die nach getaner Arbeit ihre kleine Herde beobachten

Bei diesem rustikalen Gebäude haben die Schafe die Möglichkeit, im Stall oder unter dem Dach Schutz zu suchen.

Foto © Shutterstock/Wieland Teixeira

Checkliste Offenstall

- ☐ Material Stein oder Holz
- ☐ Drei Seiten geschlossen
- ☐ Größe nicht weniger als zwei Quadratmeter pro Tier
- ☐ Höhe nicht unter zweieinhalb Meter
- ☐ Öffnung von der Wetterseite abgewandt
- ☐ Boden mit Stallmatten oder Paddockplatten
- ☐ Futterraufe
- ☐ Wassertrog im Schatten
- ☐ Abtrennbare Box für Behandlung und Pflege

möchten. Gerade wenn man die Schafe am Haus hält, ist es besonders schön, sie hin und wieder zu besuchen und sich von ihrer freundlichen Ausstrahlung anstecken zu lassen. Bei der Gelegenheit kann man gleich nach dem Rechten schauen, denn die regelmäßige Beobachtung der Schafe ist unerlässlich und schult das Auge für Unregelmäßigkeiten, die schnelles Handeln erforderlich machen.

Wie groß soll der Stall sein?

Egal ob Unterstand oder multifunktioneller Schafstall, eine bestimmte Größe muss sein, damit alle Schafe Platz finden. Es kann immer sein, dass rangniedrigere Tiere sonst daran gehindert werden, den Stall zu betreten. Außerdem sollte die Größe zu der Körperhöhe des Schafhalters passen, der den Stall regelmäßig ausmisten muss. Auch wenn Stallmatten statt Stroh verwendet werden, ist es erforderlich, den Schafkot regelmäßig mit Schippe und Besen zu entfernen und idealerweise den Stall anschließend mit dem Hochdruckreiniger sauber zu machen.

Zwei Quadratmeter pro Tier sind unerlässlich und die Höhe sollte nicht unter zweieinhalb Meter betragen, damit man sich bei der Arbeit im Schafstall nicht dauernd den Kopf stößt. Grundlage meines eigenen Schafstalls ist ein Carport-Bausatz aus unbehandeltem Fichtenholz, bei dem wir drei Seiten mit gebrauchtem Holz verschlossen haben. Eine ungiftige, rein biologische Holzlasur macht den Stall wetterfest. Die Behandlung sollte alle zwei Jahre wiederholt werden.

Welcher Bodenbelag ist geeignet?

Der Bodenbelag des Stalls kann aus (gebrauchten) Betonplatten oder im Idealfall aus wasserdurchlässigen Stallmatten aus Gummi bestehen. Entscheidet man sich für die Matten, braucht der Stall nicht mit Stroh eingestreut zu werden. Sie sind angenehm weich, die Nässe staut sich nicht und man kann sie leicht reinigen. Bei einem höher gelegenen Stall, der an einem trockenen Ort steht, reicht möglicherweise der dort vorhandene fest getretene Naturboden aus. Achte aber darauf, dass unter dem Stroh kein Matsch

Ein Carport-Bausatz kann leicht als einfacher und luftiger Schafstall genutzt werden. Je nach Modell müssen ein, zwei oder drei Seiten mit zusätzlichem Material geschlossen werden. Foto © Shutterstock/flordigitalartist

entsteht, denn dieser schadet den Klauen der Tiere. Manche Ställe haben schon ein Fundament aus Beton, das glatt und leicht zu fegen ist. Diese Ställe würde ich immer einstreuen, damit die Schafe angenehm liegen können.

Der Bereich vor dem Stall ist sinnvollerweise gepflastert. Dort liegen die Schafe ebenfalls gern. Bei Regen entsteht sonst schnell eine sumpfige Stelle. Aus diesem Grund ist es empfehlenswert, eine Regenrinne anzubringen. Das Wasser kann so in einem Fass neben dem Stall aufgefangen und zum Pflanzengießen verwendet werden. Wenn das Dach einen schönen Überstand hat, kann man es sich dort auch selbst bei schlechterem Wetter gemütlich machen.

Als Einstreu empfehle ich eine Lage Sägespäne und darauf saugfähiges Weizen- oder Gerstenstroh. Wer Glück hat, bekommt kleine Ballen, die man entweder nach Bedarf direkt beim Bauern holt oder eine ganze Ernte einmal jährlich selbst einlagert. Trocken muss es sein, damit nichts schimmelt, das gilt auch für die in Kunststofffolie eingewickelten Rundballen. Letztere bevorzuge ich nicht, denn ich bin der Meinung, dass natürliche Schafhaltung auch nachhaltig sein sollte. Berge von Abfall zu produzieren passt für mein Gefühl nicht zum bewussten Landleben.

Ich empfehle dir, auf einer kleinen Tour in deiner Umgebung auf die Suche nach Landwirten zu gehen, die kleine Ballen ab Hof verkaufen. Wenn du einen Pferde- oder Schafanhänger hast, kannst du sie selbst abholen, meistens sind die Anbieter auch bereit, dir Heu und Stroh gegen eine faire Transportgebühr zu bringen.

Wer seinen Schafstall neu baut, kann gleich einen Raum für die luftige und trockene Lagerung mit einplanen. Es sieht schön aus, wenn man das Heu vor Ort hat, es duftet herrlich und man hat es immer in greifbarer Nähe.

Futterraufe

Gut zu wissen: Wenn du die Wolle deiner Schafe verarbeiten möchtest, sind Art und Höhe der Futterraufe ausschlaggebend für die Nutzbarkeit des Vlieses. Raufutter wie Heu oder Luzerne, das von oben auf die Wolle rieselt, kann je nach Wollbeschaffenheit nur teilweise und mit viel Mühe entfernt werden. Aus diesem Grund ist es ratsam, eine Futterraufe anzubringen, die einen breiten Futtertrog unter dem Heureservoir hat, in dem die Schafe auch anderes Futter angeboten bekommen. So wird das Heu aufgefangen

Ist der Bereich vor dem Stall gepflastert, profitieren davon auch andere Bewohner, für die ein trockener Untergrund wichtig ist. Foto © Shutterstock/Victoria Tucholka

In diesem Offenstall gibt es eine Futterrinne unter der Raufe, einen zusätzlichen Futtertrog und eine Selbsttränke. Foto © Shutterstock/Beekeepx

Die Rundballenraufe ist mit einer dicken Plane vor Regen geschützt und die Schafe haben ausreichend Platz, um in Ruhe ihr Raufutter aufzunehmen. Foto © Shutterstock/Beekeepx

und die Schafe stehen mit ihrer Wolle nicht direkt unter dem Heu. Je nach Größe der Schafe sollten Raufe und Trog so angebracht werden, dass die Schafe bequem fressen können. Sie sollten ihren Hals nicht zu sehr strecken müssen, um an das Heu zu gelangen, damit die Nahrungsaufnahme optimal verläuft. Bei überstrecktem Hals kann es dazu kommen, dass sie Luft schlucken und damit die Verdauung negativ beeinflussen.

Alternativ gibt es Rundballenraufen, bei denen der Rundballen überdacht ist und in der Mitte steht. Die Schafe können von allen Seiten an das Heu gelangen, benötigen dann für Kraftfutter oder Getreide noch einen anderen Trog. Wer wenige Schafe hat, kann auch mit Eimern arbeiten, die man an das Gatter oder die Stallwand hängt. Bei der Fütterung ist dann allerdings Eile geboten, damit jedes Tier möglichst schnell sein Futter bekommt. Sonst hat das erste Schaf schon aufgefressen und bedient sich selbstverständlich beim Nachbarn oder der Nachbarin. Als ich nur vier zahme Schafe hatte, bin ich während der Fütterung von Schafpellets aus dem Eimer immer in der Mitte stehen geblieben und habe gewissermaßen als Leitschaf dafür gesorgt, dass jedes Tier die ihm zugeteilte Portion in Ruhe fressen kann.

Wassertrog

Damit deine Schafe immer frisches Wasser haben, kannst du mit den schwarzen Kübeln anfangen, die man in jedem Bau- oder Raiffeisenmarkt bekommt. Sie sind eigentlich dazu da, Zement oder andere Baustoffe anzumischen, eignen sich aber auch als Wasserstelle für kleinere Tiere. Der Rand des Kübels sollte nicht zu hoch sein, damit die Schafe bequem trinken können. Sinnvollerweise steht der Wassertrog nicht in der Nähe des Heus und nicht in der Sonne. Ein geeigneter Platz kann unter dem Dachüberstand des

Die schwarzen Kübel aus dem Landhandel sind auf der Weide und im Stall als Tröge für frisches Wasser einsetzbar. Foto © Shutterstock/Hans Engbers

An diesem kleineren Wassertank befindet sich eine Selbsttränke, an der sich die Schafe bedienen können. Foto © Shutterstock/Carmen Hauser

Stalls sein oder in einer schattigen Ecke an der Seite, ansonsten unter einem Baum oder in der Nähe einer Mauer, die Schatten wirft. Wenn keine Wasserleitung oder ein langer Schlauch in der Nähe ist, musst du Eimer oder Gießkannen schleppen. Da Stallarbeit aber sowieso einem Workout gleichkommt, sollte eine entlegenere Zapfstelle kein großes Problem darstellen.

Schafe trinken nicht besonders viel, außer wenn es heiß ist, benötigen aber jeden Tag frisches Wasser. Allzu große transportable Wassertanks, die man oft auf Wiesen mitten in der Sonne stehen sieht, befürworte ich nicht. Durch die Wärme bilden sich Keime, die das Wasser ungesund machen. Wer viele Tiere auf entlegenen Weiden hat, kann einen kleineren transportablen Wassertank aufstellen, aus dem täglich frisches Wasser in die Tröge nachgefüllt wird. Ein kleinerer Tank hat den Vorteil, dass er schneller leer ist und deshalb häufiger neu befüllt wird. Auch bei kleinen Tanks ist eine regelmäßige Innenreinigung erforderlich. Die Wassertröge müssen ebenfalls saubergehalten werden.

Optimal und der „Mercedes" unter den Tränken ist die beheizte Schaftränke. Dadurch ist es im Winter nicht erforderlich, mehrmals täglich warmes Wasser nachzufüllen. Im Sommer fließt kühleres Wasser nach, vorausgesetzt, die Tränke ist an die Wasserleitung angeschlossen. Es gibt verschiedene Varianten, auch solche, bei denen die Schafe eine Kugel hinunterdrücken müssen, um an das Wasser zu kommen. Das funktioniert gut, wenn die Schafe daran gewöhnt sind. Meistens entdeckt ein Schaf als Erstes wie es geht, und die anderen machen es ihm nach. In den ersten Tagen ist es wichtig zu beobachten, ob es klappt, damit die Tiere nicht ohne Wasser sind.

In diesem Stall ist die abgetrennte Box fest installiert und es gibt eine Infrarotlampe und eine Wärmelampe. Wer weniger Platz hat, arbeitet mit variablen Zaunelementen, die an der Stallwand und aneinander befestigt werden. Foto © Shutterstock/Forrest Kleindolf

Im Kapitel über die Fütterung der Wiederkäuer mit den vier Mägen erfährst du alles über das Futter, das bei deinen Schafen in Raufe und Trog landen soll. Auch Informationen über die Wasserqualität und das erforderliche Flüssigkeitsangebot findest du dort.

Abgetrennte Box

Gerade für Einsteiger in die Schafhaltung macht eine abgetrennte Box im Stall das Einfangen und die Behandlung der Tiere leichter. Je geübter man ist, desto einfacher geht das auch auf der Weide oder in einem kleinen Gatter. Es gibt transportable Zaunelemente (auch Horden genannt), für die man sich zunächst eine Vorrichtung baut, mit der man sie an der Stallwand befestigt. Damit lässt sich eine Ecke abtrennen, in der auch ein weibliches Schaf mit einem oder mehreren Lämmern untergebracht werden kann. So ist eine Beobachtung von Mutter und Kindern in den ersten Stunden möglich. Trinkverhalten, Gesundheitszustand und Nachgeburt können so beurteilt werden und schnelles Eingreifen im Notfall ist ebenfalls möglich. Auch die Behandlung eines Schafes, das Schneiden der Klauen oder die Gabe einer Wurmkur kann im abgetrennten Bereich gut durchgeführt werden.

Stromanschluss

Hilfreich ist es, wenn Strom im Stall zur Verfügung steht. Licht, Strom zum Scheren oder für die Stallreinigung und die Anbringung einer Wärmelampe vereinfachen die Pflege und gewährleisten unkompliziertes Arbeiten auch Winter. Wer keine Lämmer aufzieht und keinen Anschluss im Stall legen will, kann auch mit einer Kopflampe auskommen oder eine transportable Leuchtquelle nehmen, wenn die Schafe im Dunkeln versorgt werden müssen.

Der Vorteil eines Stromanschlusses ist allerdings die Möglichkeit, auch ein Weidezaungerät an das feste Stromnetz anschließen zu können. Bei Batteriegeräten sind Kosten und Aufwand höher und die Gefahr des Ausfalls eher gegeben. Und – bei aller Liebe – wer will schon seine Schafe über Nacht in seinem gepflegten Gemüse- oder Ziergarten haben?

Die Weide ist der wichtigste Lebensraum für Schafe, die am Haus leben. Eine sorgfältige Pflege der Flächen wirkt sich positiv auf die Gesundheit der Tiere aus.
Foto © Shutterstock/Leon Woods

Weide

In der natürlichen Schafhaltung haben die Tiere eine ihren Bedürfnissen angemessene Bewegungsfreiheit, die es ihnen ermöglicht, beim Weiden auch zu laufen und zu flüchten, wenn es erforderlich ist. Die Frage, wie viel Platz Schafe brauchen, habe ich in dem entsprechenden Kapitel schon weitgehend beantwortet, grundsätzlich sollte ein ordentlicher Sprint möglich sein, der an eine Stelle führt, an der die Tiere Schutz suchen können. In diesem Kapitel geht es um die Einteilung der Weide, um geeignete Umzäunung, um Bewuchs und Weidepflege. Auch für das Parasitenmanagement gibt es wertvolle Tipps. Eine gute Weide zu unterhalten ist kein Hexenwerk, aber dennoch ein wichtiger Bestandteil einer artgerechten und gleichzeitig unkomplizierten Schafhaltung.

Einteilung

Weidefläche muss ruhen, um regenerieren zu können. Dabei ist es einmal das Gras, das Zeit braucht zum Nachwachsen, und zum anderen die Menge der Würmer und Insekten, die sich wegen des Schafkots auf der Wiese häufen. Auch wenn wir sie meistens nicht sehen, kann man die Zunahme dieser Mitbewohner messen, je länger die Schafe auf einem Weidestück stehen. Aus diesem Grund muss die zur Verfügung stehende Weidefläche in Parzellen aufgeteilt werden. Je nach Größe sind vier Stücke wünschenswert, sodass man nach etwa vier Wochen wechseln kann. Bis man wieder am ersten Stück angekommen ist, vergehen drei Monate, eine gute Zeit für die Regeneration der Fläche.

Ich habe selbst die Erfahrung gemacht, dass es gerade für Anfänger praktisch ist, wenn die Weideflächen miteinander verbunden sind. Wenn du für eine andere Weidefläche Straßen überqueren oder sogar Kilometer zurücklegen musst, empfehle ich dir, entspannte Unterstützung zu suchen. Autofahrer, Fahrradfahrer und manchmal auch große landwirtschaftliche Maschinen nehmen eher ungern Rücksicht auf die Tiere, die bei einem solchen Umzug für längere Zeit den Weg versperren können. Wenn dann jemand Beherztes mitläuft und die kleinere oder größere Herde schützt, hast du schon viel gewonnen. Deine Aufgabe ist es, mit einem Futtereimer vorneweg zu laufen und den Schafen mit deiner Stimme immer wieder zu signalisieren, dass du da bist und dass alles gut ist. Wenn sie vertraut mit dir sind, kann es sein, dass sie dir sogar mit einem freundlich blubbernden Blöken antworten.

Checkliste Weide

- ☐ Weide in ausreichend große Parzellen einteilbar
- ☐ Schafgerechte und, falls erforderlich, wolfssichere Umzäunung
- ☐ Nahrhafter und gesunder Bewuchs
- ☐ Trockenheit und Festigkeit
- ☐ Ausreichend Schatten für alle Tiere
- ☐ Regelmäßige Weidepflege
- ☐ Wasserstelle immer zugänglich
- ☐ Verletzungsgefahr ausschließen

Umzäunung

Wenn du stolzer Pächter oder Besitzer deiner Weide bist, dann lohnt sich die Errichtung eines festen Zauns aus Holz, der mit Schafdraht bespannt ist. Möchtest du Lämmchen haben, dann entscheide dich gleich für den Draht, bei dem der untere Teil engmaschiger ist. Sonst wirst du staunen, durch welch kleine Öffnungen die zarten Schäfchen krabbeln können. Sie finden hinaus, aber nicht immer an einer geeigneten Stelle wieder hinein. Das kann zu herzzerreißenden Szenen führen, bei denen das Muttertier versucht, das kleine Schaf zu erreichen und umgekehrt. Netze und Schafdraht ohne zusätzliche Holzlatten sind ebenfalls geeignete Umzäunungen für Schafweiden, werden von den Tieren aber leichter umgeworfen oder weggedrückt, wenn der Strom ausfällt.

Ein fester Holzzaun ist sicher und sieht ansprechend aus. Mit weniger Zaunlatten kommt man aus, wenn man den Zaun von innen mit Draht bespannt. Damit wird auch vermieden, dass Lämmchen unter dem Zaun durchschlüpfen.

Foto © Shutterstock/Niyireth Koelmans

Feste Umzäunung

Eine feste Umzäunung hat den Vorteil, dass die Schafe sicher untergebracht sind und man sich auch dann keine Sorgen machen muss, wenn man mal nicht zu Hause ist.

Ergänzend ist eine Elektrolitze empfehlenswert, um die Schafe davon abzuhalten, ihren Kopf durch den Zaun zu stecken. Nicht selten kommen sie in einem solchen Fall nicht mehr raus und man muss schnell zugegen sein, um Stress und Verletzungen zu vermeiden. Außerdem wird der Zaun dabei beschädigt und kann damit zur Ausbruchöffnung für die anderen Schafe werden.

Weidenetze und Wolfsnetze

Alternativ kannst du Netze aufstellen, die mithilfe eines Elektrozaungeräts relativ ausbruchsicher werden. Eine Kombination von einer bestehenden Umzäunung mit Netzen davor ist ebenfalls denkbar. Das ist vor allem dann zu empfehlen, wenn man die Möglichkeit hat, mit seinen Schafen die Rinder- oder Pferdeweiden von Landwirten nachzubegrasen. Dieses Angebot bekommt man häufiger, da Schafe nahezu alle Gräser fressen und damit eine Weide richtig kurz halten können. Sowohl Pferde als auch Rinder lassen bestimmte Grasarten stehen. Da diese Weiden häufig noch mit Stacheldraht (Stacheldraht mit Stromführung ist erfreulicherweise verboten) eingezäunt sind, muss verhindert werden, dass die Schafe damit in Berührung kommen. Abgesehen davon, dass sie mit ihrer Wolle hängen bleiben und sich verletzen können, reicht die Höhe des Zauns in den wenigsten Fällen dafür aus, Schafe zurückzuhalten.

Seit einiger Zeit werden in der Nähe von Schafherden auch wieder Wölfe angetroffen. Um zu vermeiden, dass die Schafe vom Wolf oder von einem frei laufenden Hund gerissen werden, gibt es spezielle Wolfsnetze, die höher und einbruchsicherer sind. In besonders gefährdeten Gegenden werden diese Netze sogar subventioniert. Wir haben hier einen festen Zaun mit Schafdraht (den man unter diesem Namen auch im Landhandel kaufen kann) ohne Holzlatten und zusätzlich normale Weidenetze. Einen Wolfs- oder Fuchsschaden hatten wir bisher noch nicht und auch frei laufende Hunde von Spaziergängern können nicht zu den Schafen gelangen.

Weidezaungerät

Wie schon erwähnt ist ein Wandgerät, das an den Stromkreislauf angeschlossen wird, die sicherste Lösung. Ein Batteriegerät oder eine Autobatterie, die man zu Hause immer wieder aufladen kann, tut's aber auch, benötigt allerdings eine regelmäßigere Kontrolle. Schafe finden schnell heraus, wann der Strom nachlässt, und zwängen sich dann mit aller Kraft unter dem Netz durch. Wenn die Schafe dicke Wolle haben und das Gras auf der anderen Seite des Netzes grüner ist, tun sie das übrigens auch schon mal, wenn das Weidezaungerät eingeschaltet ist und die Batterie reibungslos funktioniert. Daran sieht man, wie wichtig regelmäßige Kontrolle ist und dass ein fester Zaun mehr Sicherheit gibt.

Zaunkönig ist, wer beides hat, Wand- und Batteriegerät. So kann man auch auf entlegeneren Weiden Netze mit Strom aufstellen. Arbeitet man mit einer Autobatterie (günstiger als Batterien für Weidezaungeräte), sollte man immer eine Batterie zum Wechseln im Auto haben. Zum Weidezaungerät gehört eine Erdung, meist eine lange dünne Metallstange, die in den Boden gesteckt wird. Wenn es sehr trocken ist, muss die Stelle, an der die Erdung steht, regelmäßig nass gemacht werden, um die Funktionsfähigkeit des Zauns zu gewährleisten.

Wer seine Schafe an verschiedenen Standorten hat, darf den Traum vom sauberen und aufgeräumten Kofferraum getrost aufgeben. Kraftfutter,

Moderne Schafnetze mit Stromführung haben den Vorteil, dass sie auch auf größeren Weiden als Abtrennung verwendet werden können. Man kann sie allein versetzen, und wenn man die Netze nicht benötigt, nehmen sie aufgerollt nur wenig Platz weg. Foto © Shutterstock/Marco Weidner

Das Weidezaungerät steht außerhalb des Netzes und kann so ausgeschaltet werden, bevor man die Weidefläche betritt. Foto © Shutterstock/Animaflora PicsStock

Mit einem Messgerät wird regelmäßig an verschiedenen Stellen überprüft, ob genügend Strom durch das Netz fließt. Foto © Shutterstock/Chelle 129

Eimer, Klauenschere, Schermaschine, Öl für die Schermaschine, Weidezaunbatterie, Wasserkanister, Desinfektions- und Wundspray, Netze und im besten Fall ein Hütehund tragen dazu bei, dass das Auto schnell zur fahrenden Schäferei wird. Und wer einmal einen Ballen Heu im Auto transportiert hat, weiß, dass man die Spuren sowieso nie mehr rauskriegt. Ich arbeite an einer Fachhochschule und habe dort regelmäßig in der Tiefgarage mit einer Kollegin, die ebenfalls Schafe hatte, Heu, Stroh und andere Schafutensilien ausgetauscht. Beide Autos sahen aus wie das Landleben pur und an unseren Parkplätzen hinterließen wir immer ein paar Halme, die aus dem Kofferraum gerieselt waren.

Bewuchs

Damit Netze und Weidezaungeräte richtig funktionieren, muss man den Bewuchs an den Rändern erst mit einer Motorsense entfernen, bevor man die Netze aufstellt. Die Netze und die Elektrozaunlitze an einem festen Zaun müssen außerdem regelmäßig von Bewuchs befreit werden, damit der Stromdurchfluss gewährleistet ist. Mit einem kleinen Messgerät kann die Stromstärke regelmäßig gemessen werden. Außerdem muss man darauf achten, dass keine herabhängenden Äste den Stromkreis unterbrechen oder dass ein Draht den Strom ableitet.

Weidepflege

Beim Thema Einteilung hast du sicher schon gelesen, dass Ruhezeiten für die einzelnen Weideparzellen notwendig sind. Optimal ist es, wenn die Weide nach der Begrasung noch einmal ausgemäht wird. Hier erledigt das ein Landwirt aus der Nachbarschaft gegen Bezahlung, kleinere Parzellen deiner Weide kannst du mit einem Motorrasenmäher oder Sitzmäher bearbeiten.

Ich kenne Tierhalter, die zusammen einen kleinen Traktor mit Anhänger und die entsprechenden Geräte besitzen und sich gegenseitig bei der Weidepflege unterstützen. In diesem Fall muss es verlässliche Absprachen bezüglich Reparaturen, Ersatzteilen und Einsatzzeiten geben. Ist das zur Zufriedenheit aller Beteiligten geregelt, kann man zum Beispiel auch im Sommer gemeinsam Heu machen und andere große und aufwendige Arbeiten gemeinsam erledigen. Vorausgesetzt, keiner drückt sich vor seinem Einsatz.

Wir düngen unsere Schafweiden nicht mit künstlichem Dünger, säen aber regelmäßig gesunde Weidekräuter nach. Es gibt spezielle Saatgutmischungen für Schafweiden, die gewährleisten, dass der Weidebewuchs schmackhaft, gesund und nachhaltig ist. Kalkstickstoff wird aus ökologischer Sicht meistens abgelehnt, da er beim Aufbringen giftig ist. Der Wurmbefall wird zwar dezimiert, die Toxizität macht den Kalk in der natürlichen Schafhaltung aber nicht zum Mittel der Wahl. Wer ökologisch düngen will, kann dafür zugelassene Düngemittel wie Kompost oder Gesteinsmehle verwenden. Wir haben gepachtete Weiden und sprechen solche Maßnahmen mit den Besitzern ab, die eng mit einem Ökolandwirt zusammenarbeiten.

Das giftige Jakobskreuzkraut (lat. *Senecio jacobaea*) ist in der Blütezeit von Weitem sichtbar und muss mit der Wurzel entfernt und entsorgt werden. Foto © Shutterstock/Steidi

Giftpflanzen

Leider gibt es auf Weiden immer wieder Giftpflanzen, die für Schafe sogar tödlich sein können. Dabei muss man nicht nur auf die Weidefläche selbst achten, sondern auch angrenzende Gehölze kontrollieren, an die die Schafe möglicherweise herankommen können. Giftige Gehölze, die oft für Heckenbepflanzung verwendet werden, sind zum Beispiel Eibe, Liguster, Buchsbaum, Thuja (Lebensbaum), Ginster und Rhododendron. Sogar Ahorn und Eiche sind für Schafe nicht ungefährlich.

Efeu, Adlerfarn und Buschwindröschen wachsen eher bodennah und können manchmal erreicht werden, wenn die Schafe unter einem Zaun im benachbarten Garten auf der anderen Seite durchfressen. Dazu müssen sie sich meistens verrenken, wenn aber ein grünes Blättchen ruft, sind sie zu allem bereit. Auch der Gemüsegarten mit Bohnen und Tomatenpflanzen sollte nicht in erreichbarer Nähe sein.

Das Jakobskreuzkraut kommt häufig auf den Weiden selbst vor und muss unbedingt entfernt werden. Schafe fressen es zwar in frischem Zustand meistens nicht, sobald es aber trocknet oder gar im Heu landet, wird es von den Tieren nicht immer erkannt und es kann zur Aufnahme des hochgiftigen Krauts kommen. Das Kraut muss mit Wurzel entfernt und in der Restabfalltonne oder Biomülltonne entsorgt werden. Auf keinen Fall gehört das Kraut auf den Kompost, wo es sich bei zu geringer Hitze weitervermehrt. Es sollte nur mit Handschuhen angefasst werden. Eine Aussaat muss dringend vermieden werden. In feuchteren Gebieten wächst der giftige Sumpfschachtelhalm, der Wasserschierling und die Sumpfdotterblume, allesamt für Schafe hochgiftig.

Erkundige dich, welche Giftpflanzen in deiner Gegend wachsen, und suche deine Weiden penibel nach ihnen ab. Bei der Bestimmung kann dir eine App, ein Bestimmungsbuch oder ein erfahrener Landwirt helfen. Nachbarn werfen manchmal mit positiver Absicht Heckenschnitt oder anderen Grünabfall aus dem Garten über den Zaun. Je nachdem was für Pflanzen das sind, können sie bei deinen Schafen zu schweren Gesundheitsproblemen und

Schafe halten das Gras sehr kurz, vorausgesetzt, es schmeckt ihnen. Deshalb sind sie beim Nachweiden von Pferdewiesen gerne gesehene Gäste. Foto © Janine Hegendorf

sogar zum Tod führen. In diesem Kapitel können nicht alle Giftpflanzen genannt werden, die es gibt. Je nachdem, in welcher Gegend du wohnst, kommen andere Kräuter, Pilze und Gehölze hinzu, die nur dort wachsen.

Parasitenmanagement

Man fasst die verschiedenen Wurmarten, die bei Schafen zu Problemen führen können, als sogenannte Magen-Darm-Strongyliden (MDS) zusammen. Durchfall, Appetitlosigkeit und Schwäche können Anzeichen für einen Befall sein. Diese Weideparasiten sind auf allen Flächen zu finden; die Larven überleben sogar den Winter in einer Art Ruhezustand und werden dann im Frühjahr von den Schafen aufgenommen. Schafe entwickeln im Lauf der Zeit eine Resistenz gegen diese Larven. Deshalb empfiehlt sich eine Kotprobe, damit nur entwurmt wird, wenn es nötig ist. Vor allem bei Mutterschafen muss vor der Trächtigkeit sichergestellt werden, dass sie keine Würmer haben, da sie sonst vor und nach der Geburt besonders viele Wurmeier ausscheiden.

Durch den Weidewechsel und die Ruhephasen der Parzellen verschwinden die Larven zwar nicht, werden aber deutlich reduziert. Auch die Zwischenbeweidung mit Pferden hat eine positive Auswirkung auf den Befall. Wenn die Anzahl der Schafe pro Weidefläche nicht zu hoch ist, ist der Befall der Weide mit MDS geringer.

Im Kapitel über die Krankheitsvorsorge gibt es weitere Informationen zum Thema Entwurmung.

SCHAFE RICHTIG

FÜTTERN

Schafe auf der Wiese lassen mein Herz und das vieler Landleben-Liebhaber höher schlagen. Gerade dieses schöne Bild ist für viele der Anlass, sich Schafe anzuschaffen. Völlig zu Recht, wenn man dabei einiges beachtet. Denn es reicht nicht, Schafe einfach auf eine Wiese zu stellen und der Natur ihren Lauf zu lassen.

Wiederkäuer fressen anders …

Foto © Shutterstock /MintImages

Sowohl die Einteilung und Qualität des Grün-, Rau- und Kraftfutters als auch die Planung von Futterumstellungen sind wichtige Überlegungen bei der Haltung von Schafen. In diesem Kapitel erfährst du alles Wichtige über die richtige Fütterung der manchmal etwas empfindlichen Wiederkäuer.

Wiederkäuer

Der Verdauungsapparat von Schafen besteht, wie auch bei Kühen und anderen Wiederkäuern, aus mehreren Mägen und dem Darmtrakt. Im Pansen wird die Zellulose der Nahrung so zersetzt, dass sie in verdauliche Nährstoffe umgewandelt wird, die dem Schaf erst dann zur Verfügung stehen. Schafe nehmen in relativ kurzer Zeit größere Futtermengen zu sich, die sie in den Ruhezeiten wiederkäuen. Dabei wird das Futter aus dem Pansen über den Netzmagen zurück ins Maul befördert und dort noch einmal gründlich durchgekaut. Erst dann kann das Futter über den Blättermagen in den Labmagen gelangen und von da aus in den Darm befördert werden. Der Pansen ist ein empfindliches Organ, dessen Säuregrad möglichst konstant bleiben muss. Störungen des Gleichgewichts können zu gefährlicher Gasbildung im Pansen führen, die im schlimmsten Fall den Tod des Tiers bedeuten kann. Bei Pansenstörungen ist eine zeitnahe Behandlung durch den Tierarzt angezeigt.

Plötzliche Futterumstellungen wirken sich auf den Stoffwechsel des Schafs aus und können zu Störungen des differenzierten Verdauungssystems führen, da der Pansen einige Wochen benötigt, um sich auf anderes Futter und andere Futtermengen einzustellen. Zusätzlicher Stress, zum Beispiel durch eine veränderte Umgebung, kann eine Erkrankung des Tiers begünstigen.

Schafe können ihr Futter so lange gut zerkleinern, bis ihre Zähne diese Funktion nicht mehr erfüllen. Wie alt ein Schaf wird, wenn man es nicht frühzeitig schlachtet, hängt also auch von der Lebensdauer der Zähne ab. Die durchschnittliche Lebenserwartung eines Schafes beträgt etwa zehn Jahre, wir haben in unserem eigenen Bestand schon Schafe gehabt, die 15 Jahre und älter geworden sind. Eingreifen muss man auf jeden Fall, wenn das Schaf trotz guter Fütterung immer mehr abmagert. Es wäre nicht fair, ein altes Schaf, das nicht mehr gut kauen kann, am Leben zu lassen, denn auf diese Weise würde es langsam, aber sicher verhungern.

Dieses Lamm hat den Salzleckstein entdeckt, der im Offenstall auf dem Boden liegt. Es gibt auch spezielle Halterungen für Lecksteine, die man an der Stallwand befestigen kann.
Foto © Janine Hegendorf

Was Schafe brauchen

Grundsätzlich ist Gras das wichtigste Nahrungsmittel für Schafe, das entspricht ihrer Natur. Trotzdem ist es sowohl bei der Sommer- als auch bei der Winterfütterung wichtig, dass die Tiere ausreichend mit Eiweiß, Mineralstoffen, Spurenelementen und Vitaminen versorgt werden. Je nach Situation sind unterschiedliche Arten der Zufütterung erforderlich. Als Faustregel gilt: Etwa 75 Prozent des Futters sollte aus hochwertigem Raufutter (im Sommer Gras, im Winter Heu) bestehen, der übrige Teil aus einem hochwertigen Ergänzungsfutter. Die Mengen des Ergänzungsfutters sind außerdem abhängig von der jeweiligen Situation (zum Beispiel Trächtigkeit, Wachstum, Rasse, Alter) des Tiers. Achte darauf, dass deine Schafe immer Raufutter

Die Kombination Salzleckstein und Mineralleckschale ist ein wichtiger Bestandteil der Fütterung und versorgt die Schafe das ganze Jahr über mit essenziellen Nährstoffen. Beides ist im Landhandel erhältlich. Foto © Janine Hegendorf

bekommen, eine reine Kraftfuttergabe hat einen zu hohen Energie- und Fettgehalt, während der erforderliche Anteil an Rohfaser fehlt. Dieser Fütterungsfehler kann unter anderem zu einer Trächtigkeitstoxikose führen, die kurz vor, während oder nach der Geburt eintritt und in vielen Fällen irreversible Leberschädigungen nach sich zieht.

Sommerfütterung

Unter optimalen Bedingungen können Schafe im Sommer ihren Nahrungsbedarf auf der Wiese decken. Dafür ist es erforderlich, dass ihnen genügend Weidefläche zur Verfügung steht und der Besatz regelmäßig gewechselt wird, um den Wurmbefall zu vermindern. Frisches Wasser muss für die Tiere im-

Zahnloses Schaf?

So mancher Neuschäfer hat schon einen Schrecken bekommen, als er festgestellt hat, dass seine Schafe alle keine Schneidezähne und keine Eckzähne im Oberkiefer haben. Keine Sorge, das hat so seine Richtigkeit. Die 32 Zähne, die ein Schaf hat, verteilen sich tatsächlich auf den kompletten Unterkiefer und die Seiten des Oberkiefers.

Salzleckstein und Mineralleckschale

Um den Salzhaushalt und die Mineralstoffversorgung sicherzustellen, müssen den Schafen das ganze Jahr über Salzlecksteine und Mineralleckschalen zur Verfügung stehen. Diese sollten nicht dem Regen ausgesetzt sein und täglich von Schmutz befreit werden. Verwende ausschließlich Lecksteine, die für Schafe vorgesehen sind. Lecksteine für Pferde haben einen zu hohen Kupfergehalt.

Die Schäferinnen Karin und Barbara füttern ihren Mutterschafen eine gesunde Mischung aus Kraftfutter für Schafe, Luzernepellets sowie geschrotetem Mais und Weizen. Foto © Janine Hegendorf

Kraftfutter selbst mischen

Mische zwei Drittel Getreide (Hafer, Weizen oder Gerste) mit jeweils einem Drittel geschroteten Erbsen oder Sojabohnen. Lagere diese Mischung nicht zu lange, damit die Nährstoffe nicht verloren gehen. Trächtige und säugende Mutterschafe erhalten etwa 500 Gramm in zwei Rationen, Lämmer etwa 150 Gramm, je nach Größe. Als Erhaltungsfutter (Mindestmenge, die das Tier braucht, um normalgewichtig und gesund zu bleiben) reichen etwa 100 Gramm.

mer zugänglich sein. Trächtige Mutterschafe, solche die Milch geben und Lämmer brauchen ergänzendes Kraftfutter, um optimal versorgt zu sein.

Gras

Bodenbeschaffenheit, Klima und Pflege beeinflussen die Qualität des Weidegrases. Nicht jede Bodensorte bietet alle Mineralstoffe, die Schafe benötigen. Da ein Mutterschaf mit Lämmern am Tag etwa 14 Kilo frisches Weidegras aufnimmt, muss auf ein entsprechendes Angebot geachtet werden. Hat man nicht genug Weidefläche, muss der Besatz verringert oder es muss zugefüttert werden.

Grundsätzlich ist für die meisten Schafrassen eine kargere Weide besser als zu fettes Grünland, es sei denn, man mästet Lämmer für die Schlachtung. Achte in jedem Fall auf vielfältigen Bewuchs und säe Weidekräuter wie Thymian, Schafgarbe und Rosmarin, wenn deine Wiese einen einseitigen Bewuchs aufweist.

Schafe fressen auch überständiges Gras, weshalb sie sich hervorragend für die Nachbeweidung von Pferdekoppeln eignen. Im Kapitel zum Thema Weide findest du weitere Tipps zur Pflege des nachwachsenden Futterangebots.

Kraftfutter und Ergänzungsfutter im Sommer

Mutterschafe werden während der Trächtigkeit und in der Zeit, in der ihre Lämmer bei ihnen trinken, mit einem geeigneten Kraftfutter zugefüttert. Für Einsteiger in die Schafhaltung empfiehlt sich ein fertiges Kraftfutter, das alles enthält, was Schafe brauchen. Man kann Kraftfutter auch selbst mischen (siehe Kasten), ein ausgewogener Mineralstoffhaushalt darf dann aber nicht aus den Augen verloren werden. Richte dich, was die Mengen betrifft, bei gekauftem Kraftfutter nach den Mengenangaben des Herstellers.

Winterfütterung

Das Gras auf der Wiese ist im Winter nicht nahrhaft genug und wächst auch nicht nach. Deshalb muss im Winter immer ausreichend Heu zur Verfügung stehen.

Heu

Heu ist nicht gleich Heu, es gibt große qualitative Unterschiede. Das Heu sollte von einer Wiese stammen, die einen vielfältigen Bewuchs aufweist. Vor allem Wiesenkräuter wie Löwenzahn, Wegerich,

Schafgarbe und Fingerkraut sollten enthalten sein, auch kleereiches Heu wird gerne gefressen. Schafe nehmen gern Heu vom ersten Schnitt, das sichtbar Blätter enthält und angenehm duftet. Es sollte noch grünlich sein und nicht stauben. Manche Schafe fressen auch leicht überständiges Heu vom zweiten Schnitt. Wichtig ist, dass das Heu keinerlei Schimmel enthält und lange genug abgelagert ist. Auch wenn es wunderbar duftet, frisch geerntetes Heu darf frühestens sechs Wochen nach der Ernte verfüttert werden. Andernfalls besteht die Gefahr, dass das Heu noch nicht ausreichend getrocknet ist, im Ballen nachschwitzt und beim Schaf Gaskoliken hervorruft, die es das Leben kosten können.

Stelle deinen Schafen immer so viel Heu zur Verfügung, dass sie sich nach Bedarf bedienen können. Lege das Heu nicht auf den Boden, sondern gib es in die Raufe (Informationen zur Art der Raufe findest du im Kapitel über Offenstall und Weide). So vermeidest du, dass die Schafe auf das Heu treten, es verschmutzen und anschließend nicht mehr fressen.

Wann gibt's Futter?

Häufiges Zwischenfüttern am Tag führt dazu, dass die Schafe anfangen, ihr Futter durch oftmals lautes Blöken einzufordern. Das kann zu Ärger mit den Nachbarn führen. Beschränke dich deshalb auf zwei Fütterzeiten am Tag, die du so gut wie möglich einhältst. Wenn du die Tiere pflegen oder behandeln willst, kannst du sie mit etwas Kraftfutter anlocken. Ziehe diese Ration bei der nächsten Fütterung ab.

Frisches Zusatzfutter

Sommers wie winters kann Frischfutter in geringen Mengen zugefüttert werden. Verwechsle deine Schafe aber bitte nicht mit der Biomülltonne, indem du ihnen wahllos alles vorsetzt, was in der Küche so abfällt.

Du kannst Apfelstückchen, ungespritzte Birnen-, Apfel- oder Kartoffelschalen (unbedingt ohne Keime) oder Möhren mit dem Kraftfutter mischen. Bananenschalen und Schalen von Zitrusfrüchten sind nicht geeignet. Rübenschnitzel sind ebenfalls ein beliebtes Zusatzfutter für Schafe. Sie müssen unbedingt eingeweicht werden, bevor man sie verfüttert. Würden sie erst im Magen des Tieres quellen, könnte dies fatale Folgen haben.

Wasser

Der Flüssigkeitsbedarf von Schafen ist unterschiedlich, er liegt zwischen 1,5 und 6,5 Litern pro Tag. Über die vom Morgentau feuchte Wiese nehmen sie einen großen Teil ihres Flüssigkeitsbedarfs auf. Trotzdem muss Schafen immer frisches sauberes Trinkwasser zur Verfügung stehen. Im Kapitel über Offenstall und Weide gibt es Informationen zur optimalen Wasserquelle.

Sauberes Trinkwasser ist wichtig für die Gesundheit deiner Schafe. Verunreinigtes Wasser kann schon bei geringen Mengen an schädlichen Stoffen zu Krankheiten führen. Ein erhöhter Bakteriengehalt des Wassers schadet dem Immunsystem der Tiere. Am besten lässt du die Qualität deines Trinkwassers überprüfen. Je nachdem, wie die Analyse ausfällt, kannst du ein geeignetes Wasseraufbereitungssystem einsetzen.

Silage

In Folie gesäuertes Mähgut ist nur bedingt für die Schaffütterung geeignet. Die enthaltenen Bakterien können das Entstehen einer Listeriose-Erkrankung begünstigen. Verfüttert man schimmelfreie, saubere und optimal gelagerte Silage an Schafe, sollte diese immer mit etwas Heu gemischt werden.

Lämmchen sind unwiderstehlich goldig!
Foto © Janine Hegendorf

EINS UND EINS MACHT VIER

Tobende Lämmer im Frühjahr auf der Wiese sind wunderschön anzusehen und auch die Aufzucht macht viel Freude. Gleichzeitig übernehmen wir eine große Verantwortung für Tiere, die von uns abhängig sind. Deshalb sollten wir uns immer bewusst darüber sein, dass jede Entscheidung Konsequenzen mit sich bringt.

Trächtigkeit, Geburt und Lammaufzucht …

Es ist eine Tatsache, dass die meisten Lämmer, die wir als zauberhafte kleine Lebewesen auf der Weide herumhopsen sehen, am Ende des Jahres schon nicht mehr leben. Sie landen dann entweder bei uns in Teilen auf dem Teller oder werden ans andere Ende der Welt transportiert, um dort unter unwürdigen Bedingungen geschlachtet zu werden.

Wer sich für die Aufzucht von Lämmern entscheidet, hat zwei Möglichkeiten: Entweder zieht man hin und wieder ein paar wenige Lämmer auf, die man behält und entsprechend trennt oder kastrieren lässt, oder man muss sich mit dem Thema Tod und Töten auseinandersetzen. Gewissenhafte Selbstversorger, die Fleisch essen wollen, tun dies und finden meist einen Weg, verantwortungsvoll mit dem Dilemma umzugehen. Und es gibt hervorragende Berufsschäferinnen wie Anne Krüger-Degener, die sich immer wieder Gedanken zu diesem Thema machen, eine klare Haltung dazu entwickeln und optimale Bedingungen schaffen, wie die Vermeidung langer Transportwege. Trotzdem bleibt es ein schwieriges Thema, und ich kenne viele Schafhalter mit kleinen Herden, die auf Lämmer verzichten, weil sie ihre Tiere nicht schlachten lassen möchten.

Wer sich aber verantwortungsbewusst entschieden hat, eine kleine oder größere Herde aufzubauen und Lämmer großzuziehen, bekommt in diesem Kapitel wichtige Tipps für den gesamten Prozess, von der Verpaarung bis zur Lammaufzucht.

Herdbuchzucht

Bei der Herdbuchzucht wird auf das Zuchtziel der jeweiligen Schafrasse hin gezüchtet. Wer Herdbuchzüchter werden will, muss Mitglied in einem Schafzuchtverband sein und ein Zuchtbuch führen, das den Anforderungen des Verbands entspricht. Eingesetzte Schafböcke werden gekört, das heißt, sie werden für die Zucht zugelassen, wenn sie dem Standard der Rasse in hohem Maß entsprechen und alle guten Eigenschaften mitbringen, die man sich bei dieser Rasse wünscht. Die soll er an seine Nachkommen weitervererben.

Eines der Ziele in der Herdbuchzucht ist es, eine genetisch fixierte Widerstandsfähigkeit gegen bestimmte Schafkrankheiten zu erreichen. In erster Linie ist dabei Scrapie zu nennen, eine langsam verlaufende und tödlich endende Funktionsstörung des Gehirns, die epidemisch verlaufen kann, was bedeutet, dass möglicherweise die ganze Herde betroffen ist. Scrapie ist eine anzeigepflichtige Tierseuche. Für die Zucht werden im Idealfall nur Scrapie-resistente Schafe eingesetzt.

Gekörte Schafböcke werden innerhalb eines Schafzuchtverbands meistens verliehen und weiterverkauft, um zu gewährleisten, dass immer wieder frisches Blut in die Herden kommt. Alle Zuchtdaten müssen sauber dokumentiert werden, und wenn die Tiere und Nachkommen deiner Zucht den Anforderungen des Verbands entsprechen, kannst du nach einer Vorbereitungszeit die Aufnahme in das Herdbuch beantragen. Gerade wenn es um den Erhalt alter Schafrassen geht, halte ich Herdbuchzucht auch für Hobbyschäfer für sinnvoll. Sogenannte Archehöfe beraten dich gern zu diesem Thema und über sie kannst du auch Schafe bekommen. Entsprechende Adressen findest du im Anhang.

Verpaarung

Der passende Bock kann mithilfe eines Experten vom Schafzuchtverband ausgesucht werden. Wer Herdbuchzucht betreiben möchte, sollte sich einem solchen Verband anschließen. Dort gibt es vielfältige Unterstützung und gute Zusammenarbeit.

Brunstzeiten

In dieser Übersicht sind nur die Rassen aufgeführt, die du auch im Kapitel zu den Schafrassen findest.

Rasse	Brunstzeit
Ouessant-Schaf	Saisonale Brunst von Oktober bis Anfang Januar
Shetland-Schaf	Saisonale Brunst im Herbst
Skudde	Asaisonaler Brunstzyklus von 21 Tagen
Kamerunschaf	Asaisonaler Brunstzyklus von 21 Tagen
Coburger Fuchsschaf	Asaisonaler Brunstzyklus von 21 Tagen
Scottish Blackface	Saisonale Brunst im Herbst
Zwartbles-Schaf	Saisonale Brunst im Herbst
Gotland-Schaf	Kurze saisonale Brunst im November und Dezember
Milchschaf	Saisonale Brunst im Herbst
Heidschnucke	Saisonale Brunst im Spätherbst

Auen (weibliche Schafe) sind in der saisonalen Brunstzeit nicht ununterbrochen paarungsbereit, sie sind während des Zeitraums alle zwei bis drei Wochen für jeweils 24 bis 36 Stunden empfänglich.

Je nach Rasse sind Schafe zu unterschiedlichen Zeiten paarungsbereit. Dieses Coburger Fuchsschaf hat einen asaisonalen Brunstzyklus von 21 Tagen, kann also das ganze Jahr über immer wieder tragend werden, sofern ein Bock zur Verfügung steht.
Foto © Janine Hegendorf

Für die Herdbuchzucht werden nur Schafböcke eingesetzt, die gekört, also für die Zucht zugelassen sind. Eine bunte Verpaarung gemischter Rassen empfehle ich nicht, die Kombination der unterschiedlichen Eigenschaften kann zu Ergebnissen führen, die letzten Endes weder der Gesundheit des Schafes noch der Woll- und Fleischqualität zugutekommen. Solltest du lauter bunt durcheinandergewürfelte gerettete Schafe haben, empfehle ich dir, keine wahllose Vermehrung zuzulassen. Wenn du trotzdem gerne Lämmer haben möchtest, kannst du überschüssige Drillingsschafe aufziehen, die manchmal abgegeben werden, weil man sich die Mühe der Aufzucht aus wirtschaftlichen Gründen nicht machen will. Integrierst du sie von Anfang an in deine gemischte Gruppe, kann die Vergesellschaftung am ehesten klappen.

Der Bock wird in der Deckzeit zu den Muttertieren auf die Weide gelassen. Dabei ist auf einen guten Zustand der Mutterschafe und auf eine sichere Umzäunung der Wiese zu achten. Schon mancher Bock hat sich nach getaner Arbeit durch oder über den Zaun zur nächsten Herde aufgemacht. Die übliche Deckzeit ist im Herbst, wobei die Schafe dann im Winter geboren werden und unbedingt alle einen Stall brauchen, der sie vor Wind, Wetter und Raubtieren schützt. Je nach Brunstzeit der Rasse kann die Deckzeit so verschoben werden, dass die Lämmer erst geboren werden, wenn das Wetter schon etwas besser ist. Den Stall braucht man trotzdem; die Kleinen dürfen aber früher auf die Wiese, um im Lammkindergarten mit ihren Artgenossen zu spielen.

Brunst

Die Paarungsbereitschaft bei Schafen nennt man Brunst. Schafe werden mit etwa sieben Monaten geschlechtsreif; es gibt allerdings auch einige spätreife Rassen, mit denen man vor dem zweiten Lebensjahr gar nicht züchten sollte. Dazu gehören einige der englischen Landschafrassen wie die Herdwick-Schafe aus dem Lake District.

Schafe mit saisonaler Brunst, wie die Heidschnucken, sind nur im Herbst brünstig. Das bedeutet,

Checkliste Utensilien für die Lammzeit

- ☐ Telefonnummer Tierarzt (vorher besprechen)
- ☐ Funktionstüchtige Lampe mit Akku zum Aufhängen, falls kein Strom im Stall ist
- ☐ Desinfektionsmittel für die Hände
- ☐ Einmalhandschuhe
- ☐ Einige saubere Handtücher
- ☐ Eimer mit warmem Wasser
- ☐ Zwei Milchflaschen mit Sauger (am besten spezielle Lämmerflaschen aus dem Landhandel)
- ☐ Eine große Flasche Gleitmittel
- ☐ Eingefrorene Biestmilch (lebenswichtige erste Milch) oder künstliche Biestmilch in Pulverform
- ☐ Atemspray (falls das Lamm nicht zu atmen beginnt, wird es in die Nasenlöcher gesprüht)
- ☐ Jod zur Desinfektion des Nabels
- ☐ Frisches Stroh zum Abrubbeln (dafür kann auch ein Frotteehandtuch verwendet werden)
- ☐ Wärmelampe mit ausreichend langem Kabel
- ☐ Magensonde (Anwendung dem Profi überlassen)
- ☐ Einige nicht zu dicke Seile für eventuelle Geburtshilfe (auch hier den Einsatz dem Profi überlassen)
- ☐ Falls erforderlich: Fernglas

Du brauchst wahrscheinlich nicht alles und solltest als Anfänger auch nur das tun, was du wirklich kannst. Deshalb ist es hilfreich, wenn ein Profi zu Hilfe kommt und alles da ist, was ihr benötigt, um Mutterschaf und Lamm zu helfen. Mit der Zeit lernst du die Handgriffe und wirst selbst zum erfahrenen Geburtshelfer.

dass sie nur einmal im Jahr lammen können. Der Bock muss zum richtigen Zeitpunkt eingesetzt werden. Die Lämmer kommen dann relativ früh zur Welt.

Schafe mit asaisonaler Brunst sind während des ganzen Jahres in einem Zyklus von etwa 21 Tagen brünstig.

Trächtigkeit

Nachdem die Auen gedeckt worden sind, heißt es erst mal Geduld haben. Die Trächtigkeitsdauer liegt bei ungefähr 150 Tagen, bei manchen Rassen etwas kürzer, bei manchen etwas länger. Beobachte die werdenden Mütter gut und füttere sie mit einem hochwertigen Mineralfutter. Im Kapitel über die Fütterung findest du auch alle Informationen, die du brauchst, wenn du tragende Schafe hast.

Bewegung ist wichtig, bei der Offenstallhaltung ist diese ja Tag und Nacht gewährleistet. Vermeide Aufregung für die Tiere und trainiere in der Tragezeit auf gar keinen Fall mit einem jungen Border Collie oder einem anderen, unerfahrenen Hütehund an den Schafen. Frische Luft, bestes Futter und ein optimal sauberer Stall sind beste Voraussetzungen für eine unkomplizierte Trächtigkeit. Trotzdem musst du die Schafe in dieser Zeit aufmerksam beobachten.

Hygiene ist in der Zeit der Trächtigkeit und vor allem während und nach der Geburt immens wichtig, denn neugeborene Lämmer sind besonders anfällig für die Aufnahme von Keimen.

Kontrolliere die Klauen vor der Hochträchtigkeit (ab etwa 100 Tagen) noch einmal und pflege sie falls erforderlich. So vermeidest du, dass du die Aue in ihrem Zustand noch einmal hinsetzen und behandeln musst. Bei Rassen mit viel Wolle empfiehlt es sich außerdem, die Wolle im Genitalbereich zu scheren. Hier kann sich sonst Kot, Blut und Schleim festsetzen, der die Ansiedlung von Parasiten und Keimen begünstigt. Eine Entwurmung sollte vor der Trächtigkeit erfolgen.

Nutze die Zeit zur Vorbereitung auf die Lammzeit, indem du den Stall gründlich reinigst und die Utensilien für die Lammzeit besorgst. Wenn du woanders arbeitest, dann nimm dir möglichst in dieser Zeit frei oder arbeite, wenn es geht, im Homeoffice. Deine Schafe brauchen dich jetzt und das möglicherweise zu ungewöhnlichen Zeiten. Hab keine Angst, die meisten Geburten verlaufen ohne Komplikationen. In dem Fall kannst du die freie Zeit nutzen, um die Lammzeit entspannt zu genießen.

Geburt

Die Lämmer kommen! Eine besondere Zeit steht bevor, und es ist immer wieder ein Wunder, die Entwicklung der hübschen kleinen Geschöpfe zu erleben, die bei ihrer Geburt schon alles haben, was ein Schaf braucht. Nach kurzer Zeit, spätestens nach einer halben Stunde, stehen sie auf und suchen, noch etwas wackelig auf den Beinen, das Euter des Mutterschafs.

Anzeichen der Geburt

Bei jüngeren Mutterschafen entwickelt sich schon etwa vier Wochen vor der Geburt das Euter. Sind die Schafe älter und haben schon häufiger gelammt, geht es meistens fix: Nachdem sich das Euter gebildet hat, lammen sie meistens innerhalb von ein bis zwei Tagen ab. Wenn du genau hinschaust, wirst du aber sehen, dass die Zitzen schon vorher praller werden.

Was du brauchst, ist freie Zeit und Geduld. Beobachte die Tiere aus der Entfernung, damit du im Notfall zeitnah reagieren kannst. Greife nicht zu schnell ein, denn vor allem bei jungen Muttertieren kann auch eine normale Geburt recht lange dauern.

Du erkennst den Beginn der Geburt daran, dass das Mutterschaf keine Nahrung aufnimmt und meistens unruhig umherläuft und vielleicht sogar blökt. Es hat jetzt Wehen und legt sich in dieser Zeit häufiger hin, steht wieder auf und scharrt mit den Vorderläufen. Viele Schafe zeigen in dieser Situation ein Kräuseln der Oberlippe oder sie lecken mit der Zunge darüber. Auch dann steht die Geburt meistens kurz bevor. Sie suchen sich nach einiger Zeit einen Platz, an dem sie in den meisten Fällen ohne Probleme ein, zwei oder sogar drei Lämmer zur Welt bringen. Sind sie weit weg, nimm das Fernglas und beobachte sie auf Abstand. Diese erste Phase dauert meistens drei bis vier Stunden. Zieht sich der Prozess über einen längeren Zeitraum hin, muss das Schaf besonders aufmerksam beobachtet werden. Wenn du genau hinschaust, siehst du, dass ein dicker Schleimtropfen austritt. Danach platzt die Fruchtblase und das Lamm tritt in den Geburtskanal.

Normale Geburt

Bei einer normalen Geburt sollte das Lamm nun innerhalb einer Stunde geboren sein. Wenn alles nach Wunsch verläuft, platzt erst die Fruchtblase und dann die zweite Blase, deren Inhalt eine ölige Konsistenz hat, die den äußeren Geburtsweg gleitfähig macht. Danach werden erst die Vorderbeine sichtbar, mit den nächsten Presswehen folgen Kopf und Rumpf. Ziemlich schnell danach gleitet der Rest des Körpers heraus.

Der kleine Kerl ist eine halbe Stunde alt und wird von seiner Mutter kräftig abgeleckt. Das regt seine Verdauung an und vertieft die Bindung zwischen Aue und Lamm.
Foto © Janine Hegendorf

Wenn du merkst, dass alles glatt und schnell verläuft, dann lass Mutterschaf und Lamm in dieser Zeit unbedingt in Ruhe. Du kannst weiterhin aus der Ferne zuschauen, ohne die beiden zu stören. Die Aue wird die Fruchthülle aufknabbern, das Schaf trocken lecken, und nach spätestens einer halben Stunde wird es bei der Mutter trinken.

Danach wird oft noch ein zweites oder ein drittes Lamm geboren. Bei Drillingen musst du prüfen, ob die Lämmer stark genug sind, und sicherstellen, dass sich das Mutterschaf um alle drei kümmert. Später in der Lämmerbox im Stall kannst du bei drei Lämmern mit der ergänzenden Flaschenfütterung beginnen.

Jedes Lamm hat seine eigene Plazenta, das heißt, dass es auch so viele Nachgeburten wie Lämmer geben muss. Die Nachgeburt wird innerhalb von zwei bis drei Stunden herausgepresst, wenn nicht, solltest du spätestens nach fünf Stunden den Tierarzt dazuholen. Es kann aber sein, dass die Mutter die Nachgeburt frisst, achte deshalb sehr genau darauf, ob das passiert. Sie kann damit wichtige Nährstoffe aufnehmen, zeigt damit also natürliches Verhalten.

Wenn die Geburt vorbei ist und die kleine Familie anfängt, sich auf der Wiese zu bewegen, bringst du sie in die separate Box. Dort erholen sich Mutterschaf und Lamm oder Lämmer von der Geburt. Du hast die Möglichkeit, sie zu beobachten und der Aue frisches und nicht zu kaltes Wasser anzubieten, sodass sie ihren Flüssigkeitshaushalt schnell ausgleichen kann. Wenn das Lamm nicht richtig saugt, solltest du ihm innerhalb der ersten vier Stunden Biestmilch geben (siehe Kapitel Flaschenkinder).

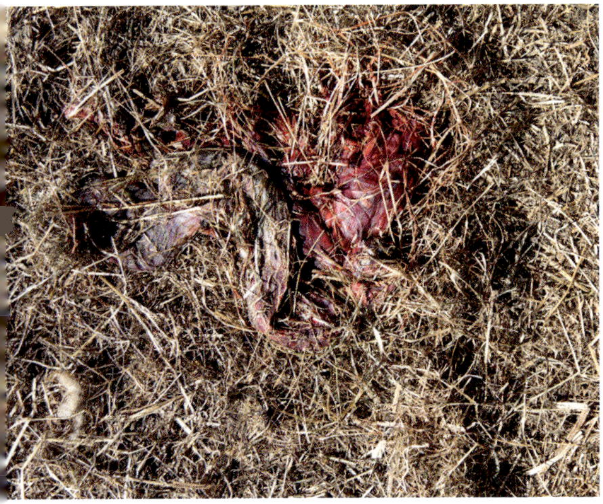

Die vollständige Nachgeburt liegt im Stroh und die Schäferin ist froh, dass alles gut gegangen ist.

Foto © Janine Hegendorf

Sollte es in Strömen regnen und die Geburt setzt ein, bringst du das Mutterschaf schon vorher in die Box, vorausgesetzt, sie ist so groß, dass sich die Aue vor der Geburt ausreichend bewegen kann. Die kleinen Lämmer dürfen nämlich auf keinen Fall unterkühlen. Die raue Zunge der Schafmutter regt beim Ablecken die Durchblutung an und schafft damit Wärme. Bei Mehrlingsgeburten oder verstoßenen Lämmern helfen wir, indem wir die Lämmer mit einem sauberen alten Frotteehandtuch oder mit Stroh abrubbeln. Lämmer ohne Mutter bekommen eine Wärmelampe; eine Infrarotlampe ist besonders geeignet, weil sie wenig Licht, aber viel Wärme gibt. Die Höhe musst du je nach Wattleistung der Lampe so einstellen, dass es im Wärmekegel unter der Lampe nicht zu heiß wird. Die Lämmer müssen sich jedoch so wärmen können, dass ihre Körpertemperatur nicht unter 37 Grad fällt.

Probleme während der Geburt

In diesem Kapitel geht es um alles, was schiefgehen kann, damit du darauf vorbereitet bist und schnell handeln kannst. Lass dich nicht abschrecken, die meisten Geburten verlaufen unproblematisch und viele Mutterschafe bringen ihre Lämmer ohne fremde Hilfe zur Welt. Im Fall einer Komplikation solltest du einen klaren Kopf bewahren und verantwortungsbewusst handeln. Die Geburt bleibt ein intensiver Prozess, und wenn etwas nicht so läuft wie erhofft, braucht man manchmal starke Nerven.

Fehllagen

Du erkennst eine Fehllage daran, dass die Aue presst, die Geburt aber nicht vorangeht. Es kann auch sein, dass die Hinterbeine des Lamms sichtbar werden (obwohl es eigentlich mit den Vorderbeinen zuerst auf die Welt kommen sollte) und es dann nicht weitergeht, weil die Hüften des Lamms im Geburtskanal hängen bleiben. Fehllagen der Lämmer gehören zu den häufigsten Komplikationen. Sie können zum

Tod der Muttertiere und ihrer Lämmer führen, wenn nicht rechtzeitig eingegriffen wird. Da die Geburtshilfe bei Fehllagen immer dem erfahrenen Schäfer oder Tierarzt überlassen werden muss, gehe ich hier nicht weiter ins Detail. Das Lamm liegt jedenfalls so, dass es nicht ohne Hilfe geboren werden kann.

Profis können sowohl die Lage ertasten als auch mit einer speziellen Zugtechnik (dafür sind die Seile in der Utensilienliste für die Lammzeit gedacht) ein oder mehrere Lämmer herausziehen. Bei Mehrlingsgeburten kommt es vor, dass die Tiere so eng liegen, dass das erste Lamm noch normal geboren wird, die Geburt danach stockt und Hilfe geleistet werden muss. Ein wichtiger Faktor ist dabei die Zeit, deshalb ist zu empfehlen, schon vor der Geburt mit Tierarzt oder Schäfer zu vereinbaren, dass man ihn im Notfall dazurufen kann. Versuche auf keinen Fall, selbst an den Beinen des Lamms zu ziehen. Es kann sonst zu einem Gebärmutterriss kommen, an dem das Mutterschaf wahrscheinlich verendet.

Mutterschaf wird passiv oder bewusstlos

Wenn das Mutterschaf während der Geburt passiv oder bewusstlos wird, kann es sein, dass es eine Stoffwechselstörung mit einem starken Absinken des Blutzuckerspiegels hat. Diese sogenannte Trächtigkeitstoxikose kann im Idealfall schon in einem frühen Stadium vor der Geburt erkannt werden. Die Tiere fressen wenig oder gar nicht, haben ein unsicheres, staksiges Gangbild, Atemfrequenz und Puls sind erhöht und sie riechen aus dem Maul nach gegorenem Obst. Je eher der Tierarzt hinzugezogen wird, desto größer ist die Chance, Aue und Lämmer zu retten. Ist ein Schaf einmal bewusstlos, kommt leider Hilfe oft zu spät. Die gute Nachricht ist, dass man bei der Fütterung der trächtigen Schafe dieser Schwangerschaftsvergiftung vorbeugen kann. Im Kapitel über die Fütterung findest du wichtige Tipps für die Fütterung tragender Schafe.

Lamm mit Missbildung

Wird ein Lamm geboren, das lebt, aber eine deutlich sichtbare Missbildung hat, brauchst du einen Profi der dir sagt, was es zu tun gibt. Es muss schnell entschieden werden, ob das Tier sich quält oder ob es vielleicht

Je nach Wetterlage und Gesundheitszustand ist der Einsatz einer Wärmelampe erforderlich, damit die Kleinen nicht unterkühlen. Foto © Shutterstock/vyasphoto

sogar mit der Missbildung weiterleben kann. Im ersten Fall muss es vom Tierarzt eingeschläfert werden. Kann es am Leben bleiben, muss immer wieder aufs Neue entschieden werden, ob ein artgerechtes Leben gewährleistet werden kann. Ausschlaggebend für diese Entscheidung muss immer der Zustand des Tieres und niemals die möglicherweise rosarote Brille des Hobbyschafhalters sein.

Immer wieder kommt es vor, dass Lämmer aufgrund des meldepflichtigen Schmallenberg-Virus mit Missbildungen zur Welt kommen. Eine Infektion mit dem Virus in der Gebärmutter führt dann zu Veränderungen der Gliedmaßen und anderen Auffälligkeiten. Häufig werden die Lämmer dann schon tot geboren oder sterben kurz nach der Geburt. Auch die Blauzungenkrankheit (ebenfalls eine Infektionskrankheit) kann Ursache für die Geburt missgebildeter Lämmer sein. In diesen Fällen muss immer der Tierarzt hinzugezogen werden, denn die Meldepflicht bestimmter Krankheiten und eine eventuelle Obduktion der Lämmer kann erforderlich sein.

Probleme nach der Geburt

Mutterschaf und Lämmer müssen nach der Geburt noch eine Zeit lang beobachtet werden. Die relevantesten Fragen sind zunächst: Geht es der Aue gut?

Nimmt sie Flüssigkeit auf und trinken die Lämmer? Ist pro Lamm eine Nachgeburt zu verzeichnen und ist diese vollständig?

Nachgeburt

Wie bei der normalen Geburt beschrieben, ist es wichtig, darauf zu achten, dass es pro Lamm eine Nachgeburt gibt. Es kann passieren, dass eine Nachgeburt nicht innerhalb von zwei bis drei Stunden kommt oder dass sie nur teilweise zu sehen ist und in der Scheide hängen bleibt. In diesem Fall bitte auf gar keinen Fall daran ziehen, auch dieser Eingriff könnte einen Gebärmutterriss verursachen, an dem das Muttertier innerlich verbluten kann. Ich halte es so, dass ich den Tierarzt lieber zu schnell rufe, als zu riskieren, dass Aue oder Lamm sterben. Damit habe ich zwar höhere Tierarztkosten, aber auch das gute Gefühl alles zu tun was ich kann, um dem Tier zu helfen.

Lamm steht nicht auf, läuft nicht oder humpelt

Manchmal kommen die kleinen Schafe nicht so richtig auf die Beine. Wenn sie aufstehen, wirken ihre Beine krumm und die Fortbewegung funktioniert gar nicht oder ist schwerfällig. Vor allem bei Zwillings- und Drillingsgeburten kann das passieren, denn der Platz, den sie sich im Bauch ihrer Mutter teilen mussten, war beengt. Je nachdem, wie sie gelegen haben, kann es sein, dass die Sehnen verkürzt oder überdehnt sind. Meistens hilft es, den Lämmern vorsichtig aufzuhelfen, wenn sie in Bewegung kommen, dann gleicht sich das Problem meistens innerhalb einiger Tage aus. Hin und wieder muss ein Bein geschient werden, Schafprofi oder Tierarzt helfen gern dabei.

Eines unserer Flaschenlämmer hatte so krumme Beine, dass es kaum stehen konnte. Wir haben die Vorderläufe massiert und vorsichtig gestreckt und das kleine Schaf immer wieder auf seine vier Beine gestellt. Der Tierarzt hat ihm außerdem einen Schaf- und Lammbooster zur Unterstützung gegeben. So wird der Organismus sofort mit Spurenelementen und Vitaminen versorgt. Nach einigen Tagen lief die kleine Emeline genauso gesund und munter wie ihre Halbschwester Frances über die Wiese.

Alarmzeichen während der Geburt

- Geburt stockt, Lamm bleibt stecken.
- Mutterschaf wird passiv (keine sichtbaren Wehen).
- Mutterschaf wird schwach, eventuell sogar bewusstlos.
- Fehllage des Lamms (zum Beispiel Hinterläufe zuerst).
- Muttermund sichtbar, nicht ausreichend geöffnet.
- Scheidenvorfall (Heraustreten aus der Schamspalte).
- Starker Blutverlust.
- Missgebildetes und/oder totes Lamm wird geboren.

Mutterschaf und Lamm wirken krank

Sind Mutterschaf und Lamm oder eines von beiden nach der Geburt nicht in Ordnung, kann das verschiedene Ursachen haben. Aue und Lamm müssen sich von dem intensiven Geburtsprozess erst erholen, trotzdem ist es immer ein Alarmzeichen, wenn die Aue nicht frisst und das Lamm nicht trinkt. Beim Mutterschaf kann die bereits beschriebene Stoffwechselstörung auch nach der Geburt auftreten und erfordert medizinisches Eingreifen.

Es kann vorkommen, dass die Geburt noch nicht beendet ist und sich noch ein oder zwei weitere lebende oder tote Lämmer im Mutterleib befinden. Hast du diesen Verdacht, weil die Aue wieder Anzeichen einer Geburt zeigt, unruhig ist und das Lamm nicht trinken lässt, solltest du nicht zögern und den Tierarzt bitten, sich die Situation anzuschauen.

Ursache für Verhalten, das auf Krankheit hindeutet, ist möglicherweise eine Entzündung in der Gebärmutter, die zum Beispiel durch Verletzungen oder Infektionen entstehen kann. Das Schaf hat dann wahrscheinlich Fieber und sollte vom Fachmann mit einem Antibiotikum behandelt werden.

Ein krankes Lamm ist apathisch, steht nicht auf, trinkt nicht und wird immer schwächer. Versuche ihm Biestmilch in der Flasche anzubieten und ihm auf die Beine zu helfen. Sorge dafür, dass es nicht unterkühlt, und hole noch vor der ersten Nacht Hilfe, um keine Zeit zu versäumen. Es gibt Situationen, in denen sich erst später herausstellt, dass das Lamm eine Missbildung hat. So kommt es vor, dass Lämmer keinen Harnleiter oder keinen Analausgang haben. In diesem Fall muss das Lamm von einem Tierarzt oder Berufsschäfer schmerzlos getötet werden, alles andere wäre falsch verstandene Tierliebe.

Bindung zwischen Mutterschaf und Lamm

Besonders für unerfahrene Mutterschafe ist es unerlässlich, dass sie in Ruhe eine Bindung zu ihren Lämmern aufbauen können. Dafür ist es hilfreich, sie nach der Geburt des Lamms oder der Lämmer für ein paar Tage von den anderen Schafen zu separieren und in der Stallbox unterzubringen. Hat man mehrere Muttertiere, empfiehlt es sich, anzubauen und noch weitere Boxen hinzuzufügen. Die Gatter- oder Hordenteile können neben oder hinter dem Stall gelagert werden, sodass sie zur Verfügung stehen, wenn man sie braucht.

Die Trennung ist deshalb empfehlenswert, weil eine größere Herde für die Erstlingsmütter Druck bedeuten kann. Die Herde ist in Bewegung, zieht auf einer großen Weide weiter oder es gibt womöglich interne Konflikte. Auch andere Störfaktoren von außen können dazu führen, dass die erforderliche Bindung zwischen Mutterschaf und Lamm nicht gleich entsteht und die Mütter ihr Kind im schlimmsten Fall gar nicht annehmen.

Der Aufenthalt in der kleinen Mutter-Kind-Box hilft beiden, eine stabile Beziehung aufzubauen. Ein einzelnes Lamm sollte mit seiner Mama zwei bis vier Tage im Schafhotel bleiben, Zwillinge vier bis sechs Tage und Drillinge noch etwas länger. In dieser Zeit ist liebevolle Zuwendung, Sauberkeit im Stall, immer frisches Wasser und eine ruhige Umgebung wichtig. Beobachte deine Tiere aufmerksam und hole dir Rat von Experten, wenn du dir unsicher bist. Erfahrene Schäfer können schnell erkennen, wenn Schafe unsere Hilfe brauchen.

Flaschenkinder

Es kann verschiedene Gründe haben, dass ein Lamm mit der Flasche aufgezogen werden muss. Bei Drillingsgeburten hat die Aue meist nicht genug Milch für alle drei Lämmer. Man kann dann alle drei zufüttern oder das schwächste Lamm komplett mit der Flasche großziehen. Eine Entzündung des Euters kann ebenfalls ein Grund dafür sein, dass die Aue ihr Lamm nicht säugen kann. Außerdem kommt es bei jungen Mutter-

Die erste Milch in den ersten vier Stunden ist lebensnotwendig

Die sogenannte Biestmilch oder Kolostralmilch ist die erste Milch, die das Lamm in den ersten vier Stunden nach seiner Geburt trinkt und die für sein Immunsystem essenziell ist. Ein Lamm, das nicht von seiner Mutter angenommen wird, braucht trotzdem unbedingt diese Milch, um gesund aufwachsen zu können. Bei zahmen Schafen ist es eventuell möglich, die Biestmilch für das verwaiste Lamm abzumelken. Gelingt das nicht, kann man Biestmilch kaufen. Wer trächtige Schafe hat, sollte deshalb für den Notfall immer eine Packung im Haus haben. Zusätzlich gibt es normale Lämmermilch, die aus Pulver angerührt wird. Warm anrühren (etwa 45 Grad) und mit etwa 37 Grad verfüttern. (Ist die Milch zu kalt, können die Nährstoffe sich nicht ausreichend lösen, ist sie zu heiß, wird das Lamm verletzt.) Für die Fütterung verwendest du am besten eine Lämmerflasche mit speziellem Sauger, die du in jedem Landhandel kaufen kannst.

Bezugsquellen für Biestmilch findest du im Anhang.

tieren, die zum ersten Mal gebären, immer wieder vor, dass sie ein oder mehrere Lämmer nicht annehmen wollen. Das ist kein böser Wille, sondern hängt meist mit der Unerfahrenheit des Tiers zusammen. Wenn sich herausstellt, dass die Aue das Lamm unter keinen Umständen trinken lässt, muss innerhalb relativ kurzer Zeit gehandelt werden. Auf jeden Fall brauchen sie innerhalb der ersten vier Stunden die lebenswichtige Biestmilch.

Uns ist das bei unseren ersten Lämmern passiert: Wir hatten zwei trächtige Mutterschafe, die zum ersten Mal gedeckt worden waren. Beide bekamen am gleichen Tag erst ein Lamm, dann kurz danach ein zweites. Und beide ließen das jeweils zweite Lamm einfach in der Fruchthülle auf der Wiese liegen. Hätten wir nicht eingegriffen, wären die Lämmer wahrscheinlich in ihrer Fruchthülle erstickt. Als wir sahen, dass beide Muttertiere ihr erstes Lamm bereitwillig trinken ließen, sich um das jeweils zweite Lamm jedoch gar nicht mehr kümmerten, sind wir ruhig aber mit schnellen Schritten zu den Neugeborenen gegangen. Unverzüglich mussten die Lämmer aus der Fruchthülle befreit und mit Stroh abgerieben werden. Wir haben sie einmal vorsichtig an den Hinterbeinen in die Luft gehalten, was das Freiwerden der Atemwege vom Fruchtwasser ermöglicht hat und erfreulicherweise bei beiden gleich ein kräftiges „Määäh" zutage brachte. Anschließend müssen die kleinen Tiere an einen sicheren Ort gebracht werden. Ein Schaf in den ersten Wochen unter Beobachtung im Haus zu halten ist romantisch und praktisch, für das Lamm aber nicht unbedingt vorteilhaft, es sei denn, man hat mehrere Schafkinder zusammen in der Küche.

Wir haben unseren Pferdeanhänger auf der Wiese unter den Bäumen aufgebaut, in dem wir beide Lämmer nachts untergebracht haben, damit sie nicht von einem Fuchs geholt oder von Greifvögeln verletzt werden konnten. Um den Pferdeanhänger herum wurden Schafhorden (transportable Zaunelemente) aufgebaut, sodass die Lämmer draußen sein konnten und trotzdem geschützt waren. Der Anhänger war dick mit Stroh ausgelegt, damit es die Lämmer in der Nacht nicht kalt hatten.

Erst mit zwei bis drei Wochen beginnen die Lämmer mit dem Wiederkäuen, das im Kapitel über die Fütterung näher beschrieben wird.

Lämmeraufzucht

Nachdem sich Mutterschafe und Lämmer in den Boxen gut aneinander gewöhnen konnten, dürfen sie auf die Weide und dort nach Herzenslust herumtollen. Beobachte sie weiterhin gut und kontrolliere, ob einzelne Tiere Durchfall haben, schlecht trinken oder sich von den anderen absondern. Da ein erkranktes

Ein Flaschenkind wächst einem besonders ans Herz und es wird schon früh handzahm.

Foto © Shutterstock/Fercast

Nimm dir Zeit!

Die Lämmerzeit ist intensiv und schön, nimm dir Zeit, sie zu genießen, und besuche deine Schafe in dieser Periode alle paar Stunden. So kannst du sehen, wie es der Schafmutter geht, wie sich die Kleinen entwickeln und wo eventuell deine Unterstützung gebraucht wird. In den ersten Lebenstagen ist auch bei den Lämmern, die keine Flaschenkinder sind, eine letzte Kontrolle spätabends und ein früher Besuch am Morgen wichtig.

Tier alle anderen Lämmer anstecken kann, ist besondere Vorsicht geboten. Lasse vom Tierarzt beurteilen, ob eine Behandlung erforderlich ist. Wenn du ein paar Jahre hintereinander Lämmer hast, entwickelst du immer mehr ein Auge für Ungereimtheiten und bekommst ein Repertoire an Handlungsmöglichkeiten. Dann brauchst du im Krankheitsfall nicht immer den Tierarzt dazuzuholen, sondern kannst die Tiere mithilfe deiner Stallapotheke versorgen.

Nach zwei Wochen können die Lämmer in einem abgetrennten Bereich gefüttert werden. Sie gelangen durch einen Lämmerschlupf (eine Öffnung in der Umzäunung, durch die nur die Lämmer passen) hinein. Es gibt spezielle Zaunelemente zu kaufen, in denen der Lämmerschlupf schon eingebaut ist.

Zusatzfutter und Wurmkur

Die Lämmer bekommen im separaten Bereich ihr Aufzuchtfutter, Wasser und Heu. Meistens dauert es einige Zeit, bis sie sich an das zusätzliche Futter gewöhnt haben. Mit vier bis sechs Wochen verabreicht man ihnen zum ersten Mal eine Wurmkur. Nach sechs Wochen wird die Wurmkur wiederholt.

Ich finde es am praktischsten, sich pro Lamm eine entsprechende Wurmkur-Ration im Spender beim Tierarzt zu besorgen. Die richtige Menge ist enthalten und der Fachmann kann Auskunft über gerade notwendige Entwurmungspräparate geben. Je nach Jahreszeit werden unterschiedliche Wurmarten bekämpft. Im Kapitel über die Krankheitsvorbeugung findest du dazu nähere Informationen.

Absetzen

Lämmer sollten mindestens drei Monate bei ihrer Mutter bleiben. Oft hören sie von selbst vom einen auf den anderen Tag auf zu trinken. Je größer und kräftiger sie werden, desto häufiger gehen sie den Mutterschafen jedoch sichtbar auf den Geist. Sie stupsen und ziehen am Euter und nicht selten versuchen die Auen sie abzuwimmeln. In dem Alter brauchen sie die Milch nicht mehr und können von den Müttern getrennt werden.

Dazu werden sie auf eine andere Weide gebracht oder in einen Auslauf, den man wieder aus einzelnen Schafhorden zusammensetzen kann. Wenn möglich sollte der Auslauf nicht direkt neben dem der Mutterschafe sein, damit niemand versucht, die Trennung zu durchbrechen. Bocklämmer müssen nach ungefähr vier Monaten von allen weiblichen Tieren getrennt werden, weil sie geschlechtsreif werden. Sie fangen immer wieder untereinander Streit an, der in wilde Kämpfe ausarten kann. Es ist deshalb wichtig, sich zu diesem Zeitpunkt im Klaren darüber zu sein, wie es mit den männlichen Tieren weitergehen soll.

Nach dem Absetzen der Lämmer dauert es noch einige Zeit, bis sich das Euter des Mutterschafs zurückgebildet hat. Wer Käse herstellt, kann die Auen weiterhin melken, bis die Milchleistung im Herbst abnimmt.

Foto © Shutterstock/robbinsbox

Flaschenkinder wie oft, wie lange und wie viel füttern?

1. Tag	Alle 2 Stunden 50 ml Biestmilch (auch nachts!)
2. Tag	Alle 3 Stunden (auch nachts!) 70 ml Lämmermilch
3. bis 5. Tag	Alle 3 Stunden 100 ml Lämmermilch, nachts 6 Stunden Pause
6. bis 10. Tag	Alle 5 Stunden 250 ml Lämmermilch, nachts 9 Stunden Pause
11. bis 24. Tag	Dreimal täglich mit 6 Stunden Abstand 450 ml Lämmermilch, nachts 12 Stunden Pause
25. bis 50. Tag	Dreimal täglich mit 6 Stunden Abstand 750 ml Lämmermilch, nachts 12 Stunden Pause
Ab 50. Tag	Zweimal täglich 800 ml Lämmermilch
Ab 60. Tag	Langsam entwöhnen, wenn sonstige Futteraufnahme (Gras, Heu, Kraftfutter) ausreichend ist

Die Mengen sind für Lämmer berechnet, die bei ihrer Geburt drei bis vier Kilo wiegen. Bei kleineren Rassen mit leichteren Lämmern die Milchmengen entsprechend reduzieren.

Auf keinen Fall mehr als die angegebenen Mengen füttern, weil es sonst zu einer Pansenstörung kommen kann.

Die weiblichen Lämmer müssen mindestens vier Wochen von ihren Müttern getrennt bleiben. Danach kannst du alle weiblichen Tiere wieder zusammen auf eine Weide lassen.

Wenn die Lämmer abgesetzt sind, bekommen die Muttertiere in den ersten Tagen Heu zu fressen und wenig Wasser. Die Euter müssen sich zurückbilden. Nach etwa einer Woche siehst du schon, dass die Euter kleiner werden. Schau trotzdem regelmäßig nach, damit du eine eventuelle Euterentzündung nicht übersiehst.

Euterentzündung nach dem Absetzen der Lämmer

Fühle regelmäßig, ob das Euter nicht zu viel Spannung aufbaut. Das ist der Fall, wenn noch zu viel Milch produziert wird. Die solltest du nach etwa drei Tagen abmelken. Wird das Euter rötlich oder läuft es sogar blau an, besteht der Verdacht auf eine Euterentzündung. Diese muss unverzüglich antibiotisch behandelt werden.

Herdenaufbau oder Verkauf

Du hast bereits eine Entscheidung getroffen und musst jetzt handeln. Entweder lässt du die männlichen Lämmer mit etwa fünf Monaten schlachten oder du lässt sie vom Tierarzt kastrieren und integrierst sie in eine gemischte Gruppe. Die Kastration ist keine Garantie dafür, dass sich alle vertragen, es gibt aber wenigstens keinen Nachwuchs mehr. Einen Bock zu behalten, um mit ihm weiter zu züchten, ist nicht sinnvoll, schließlich soll er weder seine eigenen Vorfahren noch seine Nachkommen decken. Für die Haltung eines Schafbocks braucht man außerdem Erfahrung und einen sicheren und hohen Zaun. Nach der Decksaison muss er von den weiblichen Tieren getrennt werden und vorerst allein sein Dasein fristen. Ein Zustand, der den

Ab einem Alter von zwei Wochen beginnen Lämmer feste Nahrung zu sich zu nehmen und sie wiederzukäuen. Foto © Shutterstock/Canetti

Ideen der natürlichen Schafhaltung entgegenspricht. Betreibst du Herdbuchzucht, kann es sein, dass ein Bocklamm für die Nachzucht geeignet ist. Lass dich diesbezüglich dann von deinem Verband beraten.

Schlachtung

Zugegeben, kein schönes Thema. Aber gerade deshalb solltest du sorgfältig damit umgehen. Es wäre unfair, deine Schafe einem ungewissen Schicksal zu überlassen, indem du sie einem Händler verkaufst. Es kann dann passieren, dass sie unter unwürdigen Bedingungen viele Kilometer lebend transportiert und unter dubiosen Umständen zu Tode kommen. Auch das sogenannte Schächten, das Töten des Tiers ohne Betäubung, ist ein qualvoller Tod, in Deutschland verboten und trotzdem immer wieder praktiziert und damit leider das Schicksal vieler Bocklämmer, mit denen der Besitzer schnelles Geld machen will.

Wer sich entscheidet, das Fleisch seiner Schafe selbst zu essen oder zu verkaufen, muss sich gut überlegen, wie der Prozess so tiergerecht wie möglich gestaltet werden kann. In großen Schlachthöfen wird im Akkord geschlachtet und manches Tier leidet lange, bis es endlich tot ist. Suche dir deshalb einen Schlachter, der in der Nähe ist und die Tiere nicht in einem Industriebetrieb schlachtet. Schafe haben eine so harte Schädelplatte, dass die Betäubung mit dem Bolzenschussgerät nicht immer gelingt. Dadurch sind sie möglicherweise nur unzureichend betäubt und nehmen den anschließenden Entblutungsschnitt bei vollem Bewusstsein wahr. Besprich mit dem Schlachter, wie die Schafe tierschutzgerecht betäubt und getötet werden. Vermeide lange Transportwege, Wartezeiten und Stress für die Tiere.

Hausschlachtungen sind nur unter bestimmten Voraussetzungen erlaubt und müssen von Fachleuten durchgeführt werden. Das Fleisch darf ausschließlich vom Besitzer der Tiere verwendet werden. Eine Fleischbeschau (amtliche Untersuchung von für den menschlichen Verzehr bestimmten Fleisches) ist in jedem Fall erforderlich.

Ich persönlich esse meine Schafe nicht und lasse alte und kranke Tiere vom Tierarzt einschläfern.

WOLLE, KÄSE, FLEISCH

Ob Selbstversorger, Strickliebhaber oder Käsefreund – wer Schafe hat, kann die verschiedenen Produkte seiner Schafe nutzen und muss seine Tiere dafür nicht zwangsläufig töten.

Schafprodukte für den Hausgebrauch ...

Schon die Auswahl der Rasse beeinflusst die Nutzungsmöglichkeiten, die man bei der Fütterung und Haltung berücksichtigen kann. Wer vornehmlich die Wolle verwenden will, kann sich eine Rasse mit besonders hochwertiger Wolle aussuchen. Gotland-Schafe und Milchschafe sind da eine passende Wahl und auch die Coburger Füchse haben eine gute Wollqualität. Skudden und Scottish-Blackface-Schafe liefern hochwertiges Fleisch, das leicht nach Wild schmeckt, und wer selbst Schafskäse herstellen will, sollte sich an die Milchschafrassen halten.

Wolle

Je nach Rasse erhält man nach der Schur Wolle von unterschiedlicher Struktur, Dicke und Qualität. Heidschnucken haben beispielsweise eine sehr grobe Wolle, die sich nicht zum Spinnen eignet. Man kann aber widerstandsfähige und langlebige Matten und Teppiche daraus anfertigen. Die feinste Wolle hat das Merinoschaf, das seit jeher vor allem wegen der hervorragenden Wollqualität gehalten wird. Bei den Merinoschafen gibt es zwei Typen, einmal das Merinolandschaf, bei dem der Wollertrag im Vordergrund steht, und das Merinofleischschaf, das durch Einkreuzung von Fleischschafrassen einen höheren Fleischertrag liefert.

Lanolin

Im Kapitel über die Schafschur erfährst du, wie das Schaf deiner Wahl fachmännisch von seiner Wolle befreit wird. Es gibt einige Haarschafrassen, die man nicht zu scheren braucht (siehe Kapitel Rassen), die solltest du dir nicht anschaffen, wenn du hauptsächlich die Wolle

Ist es nicht eine wunderbare Vorstellung, vielseitige Kleidungsstücke aus der Wolle der eigenen Schafe herzustellen? Dieses zauberhafte Filzkleid hat Schäferin Karin mit ganz feiner Wolle hergestellt, die sie auf eine Unterlage gefilzt hat. Hier steht Fotografin Janine ausnahmsweise vor der Kamera. Foto © Frank Fritschy

Hier entsteht das wertvolle Lanolin

Bei Schafen ist die sogenannte Inguinaltasche, eine Hauttasche, in der das Wollfett produziert wird, besonders ausgeprägt. Sie liegt in der Leistengegend und dort ist die Haut der Schafe fettig und gelblich. Niemals abwaschen, sondern lieber deine Hände damit einreiben.

verarbeiten willst. Nach der Schur erhältst du ein Vlies, bei dem die brauchbare Wolle an einem Stück miteinander verbunden ist. Sie duftet nach dem Lanolin (Wollfett oder Wollwachs), das sie unempfindlich gegen Regen und andere Wettereinflüsse macht. Strickst oder filzt du daraus Kleidung, solltest du das Wollfett deshalb nicht ganz auswaschen. Es schützt dich, wenn du draußen mit deinen Schafen unterwegs bist.

Vorbereitung der Wolle für die weitere Verarbeitung

Die Wolle wird vor der weiteren Verarbeitung grob gereinigt und gekämmt. Zum Spinnen lässt du das Wollfett in der Wolle und wäschst erst die fertigen Stränge. Vorher zupfst du Stroh- und Heuhalme aus dem Vlies, und wenn es stark verunreinigt ist, kannst du es einen Tag lang in einer großen Wanne in sauberes Regenwasser legen. Bewege es auf keinen Fall zu viel hin und her, denn dann filzt die Wolle und das ist für das Spinnen ungünstig.

Die trockene Wolle wird mit einer speziellen Bürste oder Rolle gekämmt (kardiert) und dann versponnen oder gefilzt. Du kannst damit auch Kissen füllen, kleine Engel herstellen (das hat meine anthroposophische Großmutter immer für alle gemacht und ich mag diese kleinen Geschenke noch heute). Außer Färben, Spinnen, Filzen und Stricken kannst du mit der Wolle deiner Schafe noch mehr machen: Sie eignet sich für Kissen- und Bettdeckenfüllungen, als Gartendünger und Schneckenabwehr rund um Gemüsepflanzen.

Nach der Schur wird das gesamte Wollvlies zusammengerollt und bis zur Verarbeitung in einem Jute- oder Papiersack an einem trockenen und luftigen Ort aufbewahrt.

Foto © Shutterstock/Juice Fair

Natürliches Färben mit Blättern, Wurzeln und Beeren ergibt zarte, harmonische Töne. Foto © Shutterstock/aindigo

Die alte Handwerkskunst des Spinnens ist leicht zu erlernen und wirkt entspannend. Foto © Shutterstock/David Ross

Färben

Für das Färben kann man verschiedene Naturstoffe verwenden. Zusammen mit einer speziellen Wollbeize, die mit Alaun (einem besonderen Salz) hergestellt wird, erzielt man verschiedene Farbtöne. Benutze große alte Töpfe und färbe gleich das ganze Vlies. Helle Vliese, zum Beispiel von Milchschafen, werden schön bunt, dunklere Vliese bekommen eine andere Nuance. Es macht Spaß, damit zu experimentieren und deine ganz eigene Farbpalette zu kreieren.

Spinnen

Wenn du einmal Spaß an der Verarbeitung der Wolle deiner eigenen Schafe gefunden hast, ist das Spinnen nicht mehr weit. Wir haben früher zu Hause verschiedene Pullover gestrickt, die aus der selbst gesponnenen Wolle unserer Schafe bestanden und von der ganzen Familie getragen wurden. Ein Spinnkurs hat uns auf den Weg gebracht und war gleichzeitig eine tolle gemeinsame Aktion.

Spinnen ist nicht schwer und Spinnräder kann man auch gebraucht kaufen, um erst einmal auszuprobieren, ob es einem liegt. Die Erfahrung zeigt, dass hochwertige Spinnräder schon beim Lernen die größte Freude machen, weil die Übersetzung geschmeidig ist und das Spinnrad schön schnurrt. Nach dem Spinnen werden die Fäden miteinander verzwirbelt (das macht man auch mithilfe der Spulen und des Spinnrads) und zu Strängen gelegt. Diese werden anschließend gewaschen und verstrickt.

Natürliche Farbstoffe aus Pflanzen für die Wollfärbung

Pflanze:	Farbe:
Goldrutenkraut	Gelb
Krappwurzel	Orange
Walnuss	Braun
Rainfarn	Gelb bis Grün
Zwiebelschalen	Gelb bis Braun
Birkenblätter	Gelb
Holunderbeeren	Lila

Filzen

Beim Filzen macht man genau das absichtlich, was man bei Wollpullovern unbedingt vermeiden will. Dabei werden die ausgelegten und gekämmten Wollfasern mit warmem Wasser und einer hautfreundlichen und rückfettenden Seife (ich verwende am liebsten Olivenölseife) mit den Händen gerieben, bis sie miteinander verfilzen. Vom Schlüsselanhänger über die Filztasche bis zum Kleid ist alles möglich. Für Fortgeschrittene ist die Kombination von Stoff und Filz besonders schön.

Wer filzen will, braucht Schafe mit Wolle, die sich gut filzen lässt. Milchschafe, Gotland-Schafe und Coburger Füchse haben eine feinere Wolle, die sich leicht filzen lässt. Die Wolle von Scottish-Blackface-Schafen, Heidschnucken und Shetland-Schafen ist dagegen grober und braucht mehr Geduld und Erfahrung beim Filzen. Man kann Wollarten mischen und gröbere Wolle auf eine feinere Unterlage filzen.

Traumhafte Kissen von meinen eigenen Schafen, gefilzt von der Künstlerin Miriam Kühnapfel. Foto © Janine Hegendorf

Käse

Für die Herstellung von Schafskäse benötigt man Milch, und die erhält man bekanntlich nur, wenn die Schafe Lämmer haben und man sie melken kann. In der natürlichen Schafhaltung ist es ein No-Go, den Lämmern die Milch komplett wegzunehmen und sie mit Ersatzprodukten aufzuziehen. In den ersten zwei Wochen sollten die Schafe gar nicht gemolken werden. Die Milchproduktion muss erst auf vollen Touren laufen, bevor man sich die Milch mit den Lämmern teilen kann. Da Lämmer erst mit zwei bis drei Wochen anfangen, feste Nahrung zu sich zu nehmen und diese wiederzukäuen, sollte man ihnen in der ersten Zeit unbedingt alle Milch lassen.

Nach dieser Zeit kann man die Lämmer morgens und abends von ihren Müttern trennen und ihnen Kraftfutter zufüttern. Nach dem Melken dürfen sie wieder alle zusammen auf die Wiese. Die Milch muss gefiltert und so schnell wie möglich auf etwa vier Grad heruntergekühlt werden. Anschließend kann sie zu Joghurt, Butter, Frisch- oder Hartkäse verarbeitet werden. Bei allen Handlungen vom Melken bis zum Käse ist penible Hygiene unabdingbar. Wenn du richtig in die Käseproduktion einsteigst, kannst du dir am besten einen speziellen Raum dafür einrichten.

Milchschafrassen produzieren besonders viel Milch, aber auch andere Rassen kannst du etwa ein halbes Jahr lang ein- bis zweimal täglich melken. Das geht mit der Hand, will aber gelernt sein, damit man den Schafen nicht wehtut und die richtige Technik anwendet. Beim Melken wird nämlich nicht, wie man meinen könnte, an den Zitzen gezogen, sondern eine ausgefeilte Technik, die aus Klemm- und Drückbewegungen besteht, führt dazu, dass das Melken den gewünschten Ertrag bringt. Wer größere Mengen Schafskäse produzieren will, kann sich eine Melkmaschine anschaffen, mit der man mehr Milch in kürzerer Zeit generieren kann.

Die Milch wird dann mit tierischem oder mikrobiellem Lab zur Gerinnung gebracht. Bei tierischem Lab wird ein Enzym verwendet, das meist aus Kälbermägen gewonnen wird, mikrobielles Lab kann man ebenfalls fertig kaufen oder bei der Frischkäseherstellung stattdessen Essig und Zitronensaft nehmen.

Die Herstellung von Schafskäse lässt sich in der eigenen Küche realisieren, hygienisches Arbeiten vorausgesetzt.

Foto © Shutterstock/Oleksandr Yakoniuk

Lammfleisch kann sehr schmackhaft zubereitet werden, sichere Herkunft garantiert.

Foto © Shutterstock/smpoly

Fleisch

Das duftende, gegrillte Lammkotelett mit Knoblauch und Rosmarin, die slow gegarte Lammkeule mit Cranberry Jus und der zarte Lammrücken lassen manch einem das Wasser im Mund zusammenlaufen. Wer seine eigenen Schafe hält und verzehrt, wird jedoch ohne Zweifel sensibler für den Prozess des Schlachtens und wenn die munteren Lämmchen aus dem Frühjahr schon im Herbst getötet werden, ist das auch für Hobbyschäfer ein schwerer Tag. Andererseits stammt alles Fleisch von getöteten Tieren, und eines der Argumente, die fleischessende Selbstversorger vorbringen, ist nachvollziehbar: Man kennt die Herkunft der Tiere und weiß, dass sie ein gutes Leben hatten.

Im Kapitel über die Lämmeraufzucht spreche ich über das Schlachten und das, was man als verantwortungsbewusster Schafhalter tun sollte, damit den Tieren bis auf die Tötung kein Leid geschieht. Ist der Vorgang überstanden und die Truhe voll mit hochwertigem Fleisch, finden sich viele Rezepte für wohlschmeckende Gerichte mit dem Fleisch der jungen Tiere. Werden ältere Schafe geschlachtet, können sie unter bestimmten Voraussetzungen als Hundefutter dienen. So ist auf einem Selbstversorgerhof der Kreislauf rund und es muss kein Hundefutter aus Massentierhaltung gekauft werden.

Lämmer sind mit vier bis zehn Monaten und einem Gewicht von etwa 40 Kilo schlachtreif, je nach Typ und Größe der Rasse. Erspare den Tieren unbedingt einen weiten Transport und gib sie nicht an Händler ab. Auf dem Land gibt es noch vereinzelt Metzger, die Schlachtungen in kleinem Rahmen durchführen. Hier wird vermieden, dass die Tiere zu lange warten müssen und unnötigem Stress ausgesetzt sind. Der Schlachtkörper wird zerlegt und auf Wunsch auch so verarbeitet, dass man nach einiger Zeit (das Fleisch muss erst abhängen) die fertigen Produkte abholen kann.

Du merkst wahrscheinlich schon: Fleisch ist nicht mein Ding und ich berichte etwas verhalten darüber. Das kommt daher, dass es gerade die zauberhaften Lämmchen waren, die mich endgültig von einer überwiegend pflanzlichen Ernährung überzeugt haben. Ich finde aber, jeder sollte das für sich entscheiden, und deshalb missioniere ich hier nicht für die eine oder andere Seite. Ich appelliere nur an jeden Hobbyschäfer, dass er seinen Schafen gegenüber immer fair bleibt und für die bestmögliche Behandlung sorgt, auch und gerade bei der Fleischerzeugung.

Das regelmäßige Schneiden der Klauen gehört neben der Schur und der Behandlung gegen innere und äußere Parasiten zur unerlässlichen Basispflege.

© Janine Hegendorf

GESUND UND MUN

Eine gepflegte Weide, ein sauberer Stall, optimal gefütterte und versorgte Tiere geben nicht nur ein gutes Gefühl, sondern verringern auch die Gefahr von Krankheiten.

Klauenpflege, Schafschur, Krankheitsvorbeugung und Schafkrankheiten

...

TER AUF DER WIESE

Aus den Schafhorden baut man sich nach Bedarf genau dort einen Pferch, wo man ihn gerade braucht. Die kleine Herde bleibt zusammen, damit keine Unruhe entsteht.

Foto © Janine Hegendorf

Die Tragwand der Klauen wird so geschnitten, dass die weiße Linie sichtbar wird. Auf diesem Foto kann man sie bei der äußeren Tragwand schon gut erkennen.

Foto © Janine Hegendorf

Meist kann man schon von Weitem sehen, ob eine Herde gesund ist und verantwortungsbewusst betreut wird. Im Grunde sind Schafe pflegeleichte Tiere. Wer sie aufmerksam beobachtet, richtig füttert und regelmäßig die erforderliche Basispflege durchführt, hat bestimmt viel Freude an seinen gesunden Tieren. In diesem Kapitel findest du wichtige Tipps für das, was Schafe an Pflege brauchen. Du erfährst, wie du Krankheiten vorbeugen kannst und was bei den wichtigsten Schafkrankheiten im Ernstfall zu tun ist.

In diesem Buch habe ich die Schafhorden oder Gatter schon häufiger erwähnt. Gerade bei der Pflege kommen sie oft zum Einsatz, denn du kannst daraus einen kleinen Pferch bauen, in den du deine Schafe treibst. Darin werden sie nacheinander behandelt und im Anschluss gleich wieder auf die Wiese entlassen.

Checkliste Basispflege Schaf

Wenn Stall, Weide und Fütterung stimmen, dann ist noch Folgendes zu tun:

- ☐ Klauenpflege
- ☐ Scheren (bei Rassen, die geschoren werden müssen)
- ☐ Wurmkur
- ☐ Schutz gegen Ektoparasiten (schädliche Insekten)

Klauenpflege

Schafe sind Paarhufer und haben sogenannte Klauen, die zwei- bis viermal im Jahr geschnitten werden müssen. Dafür braucht man eine Klauenschere und ein Klauenmesser, eventuell noch ein Taschenmesser und Desinfektionsspray. Stelle alles in greifbare Nähe, wenn du das Schaf zur Klauenpflege hinsetzt. Und lasse dir das Klauenschneiden bitte erst von jemandem zeigen, der es schon oft gemacht hat. Es kann sonst passieren, dass dein Schaf humpelt und Schmerzen

Klauen schneiden je nach Wetterlage

Ist es lange trocken, sind die Klauen hart wie Stein und nicht zu bearbeiten. Hat es dagegen eine Zeit lang geregnet, sind sie etwas aufgeweicht und leicht zu schneiden.

Du kannst auch den Auslauf mit einem Schlauch nass machen und die Schafe dort für eine kurze Zeit einpferchen.

Das sind die einzelnen Schritte beim Klauenschneiden

- Überstehende Tragwand mit der Klauenschere schneiden bis die weiße Linie sichtbar wird.
- Dann den Klauenballen und den Übergang zum Hornballen ebenfalls mit der Klauenschere schneiden.
- Spitze der Klauen und Zwischenspalt so beschneiden, dass nichts mehr übersteht.

hat, weil du zu tief geschnitten hast. Wenn man es einmal raushat, ist es mit den richtigen Materialien gar nicht schwer. Trotzdem muss man konzentriert bei der Sache sein: Vor einigen Jahren wollte ich mal schnell meinen Lämmern die Klauen schneiden. Es war lange trocken gewesen und die Klauen dadurch knallhart. Das Schaf bewegte einmal kräftig sein Bein, ich bin mit dem Messer abgerutscht und habe mich in den Arm geschnitten. Knapp neben der Schlagader, Gott sei Dank. Mit Stallklamotten und einem Handtuch fest um den Arm gewickelt, bin ich dann zum Arzt gefahren, der die Stelle sofort desinfiziert und genäht hat. An dieser Stelle auch gleich der Tipp, einen Verbandskasten im Stall oder zumindest an einem gut erreichbaren Ort aufzubewahren, damit man im Notfall schnell darauf zugreifen kann.

Wenn eine deutliche weiße Linie sichtbar wird und die Hornmasse fest ist und nicht stinkt, kannst du davon ausgehen, dass die Klauen gesund sind. Manchmal reicht es, Ballen und Spitze nachzuschneiden. Je nachdem, auf welchem Untergrund die Schafe laufen, nutzt sich der Tragrand von selbst ab.

Bitte lies dir im Kapitel über die Schafkrankheiten die Informationen zum Problem der Moderhinke durch.

Schafschur

Es ist immer ein besonderer Moment, wenn die Schafe im Frühjahr geschoren werden. Jedes Mal bin ich aufs Neue erstaunt, wie anders zum Beispiel unser Herdwick-Schaf Emeline aussieht, wenn sie ihre dicke Jacke abgelegt hat. Erleichtert springt sie dann über die Wiese, obwohl sie schon relativ alt ist. Die Wolle hat nach dem Winter natürlich ein ordentliches Gewicht, schützt aber gleichzeitig vor Kälte und Nässe. Weil Rassen wie die von Emeline so viel Wolle entwickeln, scheren wir sie zweimal im Jahr. Einmal Ende Mai/Anfang Juni, je nachdem, wie das Wetter ist, und noch einmal im September, bevor die Nächte kälter werden.

Den richtigen Zeitpunkt für das Scheren zu bestimmen ist nicht ganz einfach, denn einerseits muss man die Kälte berücksichtigen und andererseits ist Scheren angesagt, sobald es richtig warm wird. Denn dann kommen die Fliegen und legen ihre Maden in das warme, wollige Klima auf der Haut des Schafes. Das muss unbedingt vermieden werden, denn Schafe können an den Folgen schwer erkranken und sogar sterben. Im Kapitel über die Krankheitsvorbeugung erfährst du mehr über die

Fliegenmadenkrankheit, die Myiasis genannt wird. Spätestens jetzt wird deutlich, dass Schafe, die wegen ihrer Wolle gezüchtet wurden, unbedingt geschoren werden müssen. Immer wieder werde ich von Menschen, die es gut meinen, gefragt, ob man den Schafen den Vorgang des Scherens nicht ersparen könne. „Nein, auf gar keinen Fall", lautet die klare Antwort, denn man würde ihnen damit mehr schaden als nützen. Über Gewicht und Maden habe ich schon gesprochen, hinzu kommt die Gefahr der Überhitzung im Sommer, die dazu führen kann, dass Schafe an einem Kreislaufzusammenbruch eingehen. Wer Schafe haben möchte, die man nicht scheren muss, kann sich Rassen anschaffen, die zu den Haarschafen gehören. Sie haben Deckhaare mit feinerer Unterwolle und machen wie Pferde einen selbstständigen Fellwechsel durch. Zu den Haarschafen gehören zum Beispiel die Soay- und die Kamerunschafe, beide Rassen sind gut für Einsteiger in die Schafhaltung geeignet.

Als ich Schafe bekam, habe ich das Scheren in einem Kurs gelernt. Von der Pike auf, erst mit einer Handschere und dann mit einer Schermaschine. Anschließend habe ich mit meinen eigenen Schafen geübt. Ich bin meinen Schafen, ehrlich gesagt, jetzt noch dankbar für ihre unendliche Geduld, die sie mit mir hatten. Als ungeübte Schererin brauchte ich nämlich über eine Stunde pro Schaf, und das hat den Tieren, glaube ich, manchmal ganz schön zu schaffen gemacht. Weil ich nicht so viele Schafe hatte, wurde ich nur langsam schneller, und als mir irgendwann Schäferin Karin zu Hilfe kam, war ich erleichtert und meine Schafe auch. Karin schert nämlich fast zweihundert Schafe in einer Saison und ist darin sorgfältig, schnell und schaffreundlich unterwegs. Seitdem assistiere ich bei der Schur, öle die Maschine oder packe das Vlies in einen großen Papiersack. Also, man muss nicht alles selbst können und selbst machen. Aber wenn du Spaß am Scheren bekommst, dann lerne es richtig und sieh

Hier sind professionelle Schafscherer am Werk, die die Schafe sorgfältig und schnell mit der Schermaschine von ihrer Wolle befreien.

Foto © Shutterstock/ Juice Flair

zu, dass du viele Übungsschafe zur Verfügung hast, um genauso liebevoll und selbstverständlich scheren zu können wie Karin.

Grundsätzlich zu beachten ist, dass die Schafe beim Scheren nicht mehrfach von einer Seite zur anderen „gerollt" werden. Das kann nämlich dazu führen, dass die inneren Organe sich so verlagern, dass der Pansen abgeklemmt wird und sich Gas darin sammelt. Zum Scheren wird das Schaf hingesetzt (die Anleitung dazu findest du im Kapitel über den Umgang mit Schafen). Dann wird erst die eine Seite geschoren, und wenn die Hälfte des Vlieses lose ist (ein bisschen so wie bei Sankt Martin mit seinem geteilten Mantel), geht man über die Mittellinie des Rückens auf die andere Seite. Ziel ist es, nach getaner Arbeit ein zusammenhängendes Vlies in den Händen zu halten und nicht etwa viele einzelne Stücke. Die elektrische Schermaschine hat einen Abstandhalter, sodass man das Schaf gleichmäßig scheren kann. Hält man sie parallel zur Haut, verringert sich die Gefahr, dass man in die Haut schneidet. Schere trotzdem bitte nicht einfach drauflos, sondern achte penibel auf Zitzen, Achselfalten und die Geschlechtsteile des Schafs. Sollte trotzdem etwas passieren, muss die entstandene Wunde unbedingt bis zur Heilung beobachtet und behandelt werden. Bei kleinen Wunden reicht ein antibiotisches Spray, tiefere Verletzungen bedürfen möglicherweise einer Behandlung durch den Tierarzt.

Es gibt Scherer, die nur mit der Handschere schneiden. Dabei ist es wichtig, genau wie bei der Schermaschine, immer parallel zur Haut des Schafes zu schneiden, damit man es nicht verletzt. Foto © Shutterstock/Ivan Marjanovic

Übrigens: Wer keine Karin hat, kann sich mit anderen zusammentun, die Schafe halten und über einen Schafzuchtverband jemanden suchen, der die Schafe schert. Das kostet kein Vermögen und man erhält schöne Wollvliese von den eigenen Schafen.

Der richtige Zeitpunkt für die Schur

Schere deine Schafe lieber nicht zu früh im Jahr, denn es kann bis Anfang Mai immer noch zu Nachtfrösten kommen. Wenn die Schafe ihre Jacke dann schon ausgezogen haben, ist ihnen nicht nur kalt, sondern sie können aufgrund der Unterkühlung krank werden. Mitte Mai bis Mitte Juni ist eine gute Zeit für die Schafschur. Bei Schafen mit besonders dicker Wolle, die zweimal im Jahr geschoren werden, sollte immer ein halbes Jahr zwischen den Scherterminen liegen. Sie können auch schon Ende April geschoren werden, wenn das Wetter es zulässt, sollten dann aber unbedingt einen Stall zur Verfügung haben, in dem sie vor kaltem Wind und Nässe geschützt sind.

Krankheitsvorbeugung

Damit deine Schafe gesund bleiben und sich wohlfühlen, sind neben dem Schneiden der Klauen und dem Scheren der Wolle vor allem die regelmäßige Verabreichung einer geeigneten Wurmkur gegen Endoparasiten (Lebewesen, die im Inneren ihres Wirts leben) und eine vorbeugende Behandlung gegen Ektoparasiten (das sind Lebewesen, die auf den Tieren leben, die ihnen als Wirt dienen) wichtig. Auch das Impfen kann ein wichtiges Element zur Krankheitsvorbeugung sein.

Eine Stallapotheke darf bei keinem Hobbyschäfer fehlen. In diesem Kapitel erfährst du, was unbedingt dazugehört.

Wurmkur

Schafe sind Wirte für verschiedenartige Würmer, deren Auftreten erfolgreich mit einer regelmäßigen Durchführung von Wurmkuren behandelt werden kann. Vor allem Magen-Darm-Würmer treiben bei Schafen gern ihr Unwesen. Die Tiere scheiden die Wurmeier aus, die sich dann zu Larven entwickeln und mit dem Grünfutter wiederaufgenommen werden. Häufig findet man bei befallenen Schafen Lungenwürmer und den sogenannten Schafbandwurm.

Du fragst dich wahrscheinlich jetzt, wie du deinen Schafen eine Wurmkur geben kannst. Wurmkuren werden über das Maul gegeben. Es gibt sie in Pastenform oder als Pellets. Je nachdem, wie viele Tiere du hast, kann es schwierig sein, jedem Schaf die richtige Menge an Pellets zukommen zu lassen. Sie fressen schnell und hastig und viele der kleinen runden Dinger fallen neben den Eimer oder die Schale. Zahmen Schafen und Flaschenlämmern kannst du die Pellets aus der Hand geben, das funktioniert meistens gut.

Bei einem größeren Bestand kann man eine Wurmkurpumpe oder einen Applikator verwenden. Am besten organisiert man sich die Wurmkurgabe zu zweit und stellt dafür einen Pferch auf. Einer setzt das Schaf, der andere gibt die Wurmkur ins Maul. Achte darauf, dass der Kopf des Schafes dabei so gehalten wird, dass es gut schlucken kann, das Präparat aber nicht aus dem Maul läuft.

Wenn man viele Tiere hat, kann man die, die schon eine Wurmkur bekommen haben, zur Sicherheit mit einem speziellen Markierungsstift kennzeichnen.

Die Tierärztin ist im Notfall schnell zur Stelle, außerdem berät sie bezüglich Impfung, Behandlung gegen Parasiten und in der Lammzeit. Foto © Shutterstock/Budimir Jevtic

Bei einer großen Herde geht es schneller, wenn man mit einer Wurmkurpumpe arbeitet, bei der die Menge pro Schaf eingestellt ist. Foto © Shutterstock/Canetti

Mit einem Markierungsspray oder -stift kennzeichnet man die Schafe, die man schon behandelt hat. Verschiedene Farben stehen für Wurmkur, Klauen schneiden oder die Behandlung gegen Fliegen, Mücken und andere Insekten. Foto © Shutterstock/Jiri Foltyn

Bitte nimm die Behandlung deiner Schafe gegen Endo- und Ektoparasiten unbedingt ernst. Ein Befall ist die häufigste Ursache für eine Erkrankung und den Verlust der Tiere.

Wann sollte man Schafe entwurmen?

Im Frühjahr, wenn die Vegetationsperiode beginnt, werden die Schafe gegen Magen-Darm-Würmer behandelt. Im Mai oder Juni gibt es eine Wurmkur gegen Bandwürmer, die im August bei den Lämmern wiederholt werden sollte. Werden sie geschlachtet, muss die Wartezeit beachtet werden.

Wenn die Schafe Symptome zeigen, die auf einen Wurmbefall hindeuten, kann auch eine Kotprobe entnommen und über den Tierarzt analysiert werden. Dieser verabreicht dann das entsprechende Mittel, das sinnvollerweise hin und wieder gewechselt werden muss, um Resistenzen zu vermeiden.

Vorbeugung gegen Ektoparasiten

Schafe sind mit ihrer Wolle für Parasiten, die von außen kommen, sehr einladend und müssen regelmäßig auf einen Befall hin überprüft werden. Die gefährliche Blauzungenkrankheit wird ebenfalls durch Ektoparasiten in Form einer Mückenart übertragen. Du solltest deine Schafe in den Sommermonaten deshalb mit einem Mittel schützen, das die Schädlinge sicher auf Abstand hält. Es gibt pflanzliche Präparate, die auch für Pferde verwendet werden und auf ätherischen Ölen basieren, und chemische Präparate, die auch zum Einsatz kommen, wenn die Tiere schon befallen sind. In der natürlichen Schafhaltung bevorzuge ich die Mittel auf pflanzlicher Basis. Je nach Weidestandort und Region kann das ausreichen. Lass dich dazu von anderen Schäfern in deiner Gegend beraten.

Nach der Schur kann man die Haut der Schafe am besten auf Ektoparasiten hin kontrollieren und einen Befall gezielt behandeln.

Impfen

Je nach Standort und aktuellen Bestimmungen gibt es Impfungen, die gesetzlich vorgeschrieben werden. Dazu gehört die Impfung gegen die Blauzun-

Endoparasiten beim Schaf

- Schafbandwurm
- Magen-Darm-Nematoden
- Kokzidien
- Lungenwürmer
- Leberegel

Anzeichen für Wurmbefall

- Durchfall
- Schwäche
- Stumpfes Wollvlies
- Abmagerung
- Appetitlosigkeit

Häufigste Außenparasiten beim Schaf

- Kriebelmücken
- Schmeißfliegen
- Schafläuse
- Schaflausfliegen
- Haarlinge
- Rachenbremsen

Das sollte in der Schäferapotheke vorhanden sein:

- Fieberthermometer
- Klauenmesser
- Haushaltsschere und Handschere
- Halsband und Strick
- Einmalhandschuhe
- Desinfektionsmittel
- Antibiotikumspray
- Wundsalbe
- Einmalspritzen ohne Kanüle zur Medikamenteneingabe
- Ektoparasitikum
- Mittel gegen Pansenblähungen

genkrankheit. In den meisten EU-Mitgliedsstaaten wird dagegen großflächig geimpft. Man bekommt eine entsprechende Meldung über das Tierseuchenregister, die Impfung wird dann vom behandelnden Tierarzt durchgeführt und muss nachgewiesen werden. Besprich am besten mit deinem Tierarzt oder mit einem Berater des Schafzuchtverbandes, welche Impfungen für deine Schafe sonst noch empfehlenswert sind. Es gibt Impfungen gegen die sogenannte Breiniere und gegen Tetanus. Einige Schafhalter impfen auch gegen Erkrankungen, die durch Clostridien hervorgerufen werden, weil diese Bakterien Verursacher für eine gefährliche Darmentzündung sein können.

Wenn man Schafe schlachten lassen will, ist es wichtig, die Wartezeit zu berücksichtigen, die man nach der Impfung einhalten muss, sonst wird das Fleisch nicht zum Verzehr freigegeben. Das gilt natürlich auch für Schafe, die für die Herstellung von Schafmilchprodukten gemolken werden.

Stallapotheke

Die Stallapotheke eines Hobbyschafhalters braucht nicht groß zu sein, denn im Krankheitsfall bringt der Tierarzt frische und wirksame Mittel mit. Suche dir einen gut erreichbaren Tierarzt, der etwas von Schafen versteht und zeitnah helfen kann, denn vor allem bei Pansenstörungen und Darmerkrankungen ist schnelle Hilfe angesagt.

Schafkrankheiten

An dieser Stelle möchte ich gerne noch mal betonen, dass Schafe meistens gesund und munter sind und es gerade in der natürlichen Schafhaltung wenige Krankheit auslösende Faktoren gibt, wenn man die beschriebene Basispflege regelmäßig durchführt.

Fiebermessen beim Schaf

Die normale Körpertemperatur beim Schaf beträgt 38,5 bis 40,0 Grad, bei Lämmern bis zu 40,5 Grad.

Infrarot-Thermometer: Die Messung wird mit einem berührungslosen Infrarot-Thermometer an der Stirn durchgeführt, wobei die Messung wegen der Haare des Tiers ungenau sein kann.

Digitales Thermometer: Für die rektale Messung wird das Thermometer in den After des Tiers eingeführt und festgehalten. Sichere es zusätzlich mit einer Schnur, damit es nicht im Schaf verschwindet.

Wenn man die Schafe auf der Weide behandelt, nimmt man sich die wichtigsten Utensilien am besten in einem Eimer mit. Hier kommen Klauenscheren und Wundbehandlungsspray zum Einsatz. Foto © Janine Hegendorf

Die regelmäßige Beobachtung der Tiere hilft, erste Anzeichen früh zu erkennen und, wo nötig, einzugreifen.

In diesem Kapitel sind einige Schafkrankheiten kurz erklärt, die entweder häufiger auftreten oder besonders gefährlich sind. Die Beschreibung aller Schafkrankheiten würde den Rahmen dieses Buches sprengen. Durch die Beschäftigung mit den aufgeführten Krankheiten bekommst du als Neuschäfer ein Gefühl für mögliche Ursachen und du erfährst, was du tun kannst, bis der Tierarzt kommt. Das Kapitel enthält nur wenige Anleitungen für die Behandlung, denn ich meine, dass man diese grundsätzlich dem Profi überlassen sollte. Du bekommst aber wichtige Tipps zur Vorbeugung, damit es möglichst gar nicht erst zu einer Erkrankung kommt.

Im Anschluss findest du noch wichtige Informationen zu Schafkrankheiten, die gemeldet werden müssen. Aufgrund der Seuchengefahr gibt es Vorschriften für weiteres Vorgehen. Hier ist immer der Tierarzt der erste Ansprechpartner.

Krankheiten in der Lammzeit

Sowohl Mutterschafe als auch Lämmer können in der Lammzeit unterschiedliche Krankheiten bekommen, die in den meisten Fällen bei frühzeitiger Behandlung gut zu behandeln sind.

Nabelentzündung

Lämmer mit einer Nabelentzündung stehen mit krummem Rücken da, trinken schlecht und haben einen geschwollenen und schmerzempfindlichen Nabel.

→ Vorbeugung und Behandlung

Zur Vorbeugung sollte der Nabel nach der Geburt mit Jod desinfiziert werden. Allerdings erst dann, wenn das Lamm trocken ist, damit die Aue das Medikament nicht ableckt. Wenn der Nabel entzündet ist, ist ein Antibiotikum erforderlich.

Lippengrind

Diese Erkrankung befällt vor allem Lämmer und äußert sich durch eine Schorfbildung im Maulbereich. Sie wird durch ein Virus hervorgerufen und muss tierärztlich behandelt werden. Seltener zu beobachten ist ein Befall der Schleimhäute an den Genitalien und auch an den Fesseln und Klauen.

→ Vorbeugung und Behandlung

Außer einer artgerechten und natürlichen Haltung ist eine Vorbeugung nicht möglich. Es kommt immer wieder vor, dass diese Krankheit eingeschleppt wird, wenn ein fremdes Tier im Bestand aufgenommen wird. Vor allem bei der Aufnahme eines Schafbock in die Herde ist Vorsicht geboten. Bevor das neue Tier abgeholt wird, muss sichergestellt werden, dass es nicht von Lippengrind befallen ist.

Eine Behandlung der Symptome, Verabreichung geeigneter Antibiotika sowie eine Unterstützung des Immunsystems führen in den meisten Fällen zu einer Heilung.

Magnesiummangel

Diese Mangelerscheinung kann bei Mutterschafen und Lämmern auftreten. Die Tiere zeigen Krämpfe, fallen hin, haben Schaum vor dem Maul und rudern mit den Beinen.

→ Vorbeugung und Behandlung

Man kann das Weidegras mit einem magnesiumhaltigen Streuprodukt vorbehandeln. Kraftfutter für die trächtigen Mutterschafe und ab der zweiten Lebenswoche auch für die Lämmer hilft, den Mineralstoffhaushalt auszugleichen. Im akuten Fall ist eine Infusion mit einem kombinierten Kalzium-Magnesium-Präparat das Mittel der Wahl.

Kalziummangel (Milchkrankheit)

Bei dieser Erkrankung sinkt der Kalziumgehalt im Blut des Mutterschafs. Es läuft wacklig, ist zittrig und kommt im schlimmsten Fall nicht mehr auf die Beine.

→ Vorbeugung und Behandlung

Schafe sollten während der Trächtigkeit nicht zu fett werden, und während dieser Zeit ist von einem Wechsel des Futters abzuraten. Im akuten Fall hilft hier eine Infusion mit Kalzium oder eine Kalziumgabe über das Futter.

Schleppende Milchkrankheit

Vor allem bei Mehrlingsträchtigkeiten kann es passieren, dass das Mutterschaf zu wenig Nahrung erhält. Dadurch sinkt der Blutzuckergehalt und der Körper des Tiers greift auf seine Fettreserven zurück. Die Auen werden schlapp, laufen unsicher und fressen nicht mehr. Unbehandelt führt diese Krankheit innerhalb weniger Tage zum Tod.

→ Vorbeugung und Behandlung

Eine ausgewogene Fütterung während der Trächtigkeit beugt der schleppenden Milchkrankheit vor. Achte dabei unbedingt darauf, dass alle Mutterschafe bei der Fütterung genügend Kraftfutter erhalten. Ausreichend lange Futterkrippen ermöglichen allen Schafen, in Ruhe die Menge aufzunehmen, die sie benötigen. Im Frühstadium kann die Erkrankung durch eine erhöhte Energiezufuhr behandelt werden, durch die der Abbau der körpereigenen Fettreserven gestoppt wird.

Milchlahmheit

Diese Krankheit entsteht durch einen Mangel an Phosphor und Vitamin D. Nach der Trächtigkeit und

Ein apathisches Schaf, das über Stunden an einer Stelle liegt oder steht, braucht Hilfe. Warte nicht zu lange, damit eine erforderliche Behandlung bald begonnen werden kann. Foto © Shutterstock/rachanon cumnonchai

während des Milchgebens besteht ein größerer Mineralstoffbedarf. Dadurch, dass die Mineralien bei einem Mangel im Futter den Knochen entzogen werden, entsteht Lahmheit.

→ Vorbeugung und Behandlung

Bei der Fütterung kann in dieser Zeit der Kalzium- und Phosphorgehalt des Futters erhöht werden. Eine zusätzliche Kraftfuttergabe sowie die Fütterung von Heu statt Silage beugen ebenfalls vor. Tritt die Krankheit auf, wird Vitamin D gegeben (besprich die Dosierung mit deinem Tierarzt), damit Mineralstoffe über den Darm besser aufgenommen werden können. Man kann die Schafe je nach Jahreszeit auch scheren, damit sie durch die Sonneneinstrahlung Vitamin D über die Haut aufnehmen können. Damit es ihnen nicht zu kalt wird, kannst du sie in der Nacht im Stall unterbringen, den du ausnahmsweise mit ein paar Schafhorden schließt.

Euterentzündung (Mastitis)

Das Euter des Schafs ist die Milchdrüse, die für die Lämmer essenziell ist. Deshalb ist es besonders bitter, wenn das Mutterschaf ihr Lamm nicht an das Euter lassen will. Eine Entzündung kann die Ursache sein, die für die Aue sehr schmerzhaft ist. Häufig ist auch nur eine Seite des Euters betroffen. Es gibt einige Anzeichen, die auf eine Mastitis hindeuten:

- Das Schaf steht breitbeinig (Schonhaltung).
- Das Schaf hat Fieber, ist apathisch und frisst nicht.
- Das Euter fühlt sich warm bis heiß an.
- Das Euter ist gerötet oder bläulich angelaufen.
- Die Milch flockt und enthält gelbliche Teilchen.
- Starke Schmerzempfindlichkeit.
- Knotige Gewebeveränderung am Euter.

Die akute Euterentzündung ist als Notfall zu sehen und erfordert tierärztliche Behandlung. Warte nicht lange, sondern kümmere dich schnell um das Muttertier, das große Schmerzen hat. Separiere die Aue von ihrem Lamm oder den Lämmern und füttere sie mit der Flasche (siehe Kapitel Flaschenkinder).

Leider werden manche Euterentzündungen chronisch, vor allem wenn sie nicht rechtzeitig behandelt werden. Die Schafe zeigen dann meistens keine der oben genannten Auffälligkeiten bis auf knotige Verhärtungen des Euters, die auch einseitig auftreten können. Auf der erkrankten Seite fließt dann nur wenig oder gar keine Milch. Beide Formen der Mastitis werden vom Tierarzt mit Schmerzmitteln und Antibiotika behandelt. Da die Euterentzündung durch Bakterien entsteht, trägt ein sauberer Stall mit frischer Einstreu zur Vorbeugung bei.

Moderhinke

Schafe mit Moderhinke lahmen und liegen im fortgeschrittenen Stadium sogar beim Fressen auf den Karpalgelenken und bewegen sich auch so vorwärts. Bei dieser ansteckenden Erkrankung handelt es sich um eine bakterielle Infektion der Klauen. Das Horn der Klauen zersetzt sich und greift auch die Lederhaut (das ist der durchblutete Teil der Klauen) an. Achte deshalb penibel darauf, dass die Schafe immer eine Stelle haben, an der ihre Klauen wieder trocknen können. Bei einer feuchten Wiese hilft es, einen gepflasterten und überdachten Futterplatz einzurichten, den man immer sauber hält und an dem die Klauen der Schafe trocknen können.

→ Vorbeugung und Behandlung

Die befallenen Stellen müssen sorgfältig ausgeschnitten und mit einem antibiotikumhaltigen Spray behandelt werden. Da man manchmal tiefer schneiden muss und Blutungen nicht immer zu vermeiden sind, sollte man bei schwierigen Fällen unbedingt einen Fachmann zu Hilfe holen. Durch regelmäßige Klauenpflege, einen trockenen und sauberen Untergrund und regelmäßige Desinfektion der Klauen kann man dieser Erkrankung vorbeugen. Große Herden werden in einem Behandlungsgang durch ein Desinfektionsbad getrieben, bei wenigen Tieren kann man die Klauen nach dem Schneiden mit Desinfektionsspray einsprühen oder sie kurz in ein Desinfektionsbad tauchen. Gewöhnt man schon die Lämmer an diesen Vorgang, lassen sie dies meist ohne Angst über sich ergehen.

Parasitenbefall

Grundsätzlich ist es wichtig, die Verbreitung von Krankheitserregern im Stall und auf der Weide einzugrenzen. Dazu gehört auch die Vorbeugung und Behandlung gegen Parasiten. Von außen kommen Schmarotzer wie Läuse, Milben und Haarlinge, über das Futter im Stall und auf der Weide nehmen Schafe Schädlinge auf, die sich dann im Inneren des Schafs ansiedeln. Dazu gehören Lungenwürmer, Schafbandwürmer und Leberegel. Durch innere und äußere ungebetene Gäste kann nicht nur das Wollkleid des Schafs, sondern auch das Tier selbst nachhaltig geschädigt werden.

Im Kapitel über die Wurmkur findest du weitere Informationen.

Fliegenlarvenkrankheit (Myiasis)

Bei dieser Erkrankung werden Fliegenlarven auf dem Körper der Schafe abgelegt, die sich in der Wolle und später in der Haut einnisten. Dort können sie sich in den Körper des Tiers bohren, um sich dann von Gewebe und Blut des Schafs zu ernähren. Sie führen nicht nur zu schlecht heilenden Wunden und inneren Verletzungen des Schafs, sondern können bei ausbleibender Behandlung auch den Tod des Tiers bedeuten.

→ Vorbeugung und Behandlung

Zunächst einmal solltest du alles daransetzen, dem Fliegenbefall vorzubeugen, sobald es anfängt warm zu werden. Dazu gibt es geeignete Mittel, die im Abstand von einigen Wochen auf die Haut des Tiers aufgebracht werden. Oft sind die Packungsmengen ziemlich groß. Wenn du weniger Schafe hast, kann der Tierarzt dir auch die Menge geben, die du für eine Saison brauchst, damit die Qualität des Mittels erhalten bleibt.

Im Kapitel über die Vorbeugung bei Ektoparasiten findest du weitere Informationen.

Pansen- und Darmerkrankungen

Wenn dir auffällt, dass ein Schaf ein anderes Verhalten zeigt, als du es von ihm gewohnt bist, und es weniger oder gar nicht frisst, nicht wiederkäut und Durchfall

Ein Schaf, das kniend frisst, hat wahrscheinlich Schmerzen und belastet deshalb seine Klauen nicht. Diese Haltung deutet auf die Erkrankung Moderhinke hin. Foto © Shutterstock/Stephen Clarke

hat, kann das auf Verdauungsprobleme hindeuten. Futterumstellung, verdorbenes Futter, zu viel Futter oder Stress können die Ursache sein. Es gibt verschiedene Formen von Blähungen des Pansens. Bei der kleinschäumigen Gärung, die durch eine vermehrte Aufnahme eiweißhaltiger Pflanzen entstehen kann, ist besondere Vorsicht geboten, denn diese Erkrankung kann in kurzer Zeit zum Tod des Tiers führen.

Pansenblähung

Die Anzeichen sind je nach Menge der Wolle nicht direkt zu sehen. Der Bauch des Schafs bläht sich nämlich an der linken Seite des Schafs auf. Du kannst aber fühlen, dass die linke Seite dicker, fester und gespannter ist als die rechte. Durch die Pansenblähung kann das Schaf nicht wiederkäuen, also die Nahrung nicht wieder zurück in die Maulhöhle befördern.

→ Vorbeugung und Behandlung

Abrupte Futterumstellungen, übermäßige oder auch zu geringe Fütterung kann Pansenblähungen begünstigen. Wenn die wellenförmige Bewegung des Pansens noch spürbar ist, kann man versuchen, das Schaf durch Verabreichung eines Pansenstimulanzmittels zum Wiederkäuen anzuregen. Ein solches Mittel sollte also auf jeden Fall in deiner Stallapotheke vorhanden sein. Beginnt das Tier jedoch danach nicht relativ bald mit dem Aufrülpsen und Wiederkäuen, solltest du den Tierarzt rufen, der bei dieser Art der Erkrankung schnell zur Stelle sein sollte.

Gewöhne die Schafe im Frühjahr langsam an das frische Gras und lasse sie nicht zu schnell und zu viel davon fressen. Bei der Winterfütterung ist es essenziell, dass Futter niemals verunreinigt, gefroren oder gar verfault ist.

Darmentzündung

Für beginnende Schafhalter ist es gar nicht so leicht, eine Störung des Darms oder auch des Labmagens festzustellen. Grundsätzlich empfiehlt es sich deshalb, bei allen Anzeichen für Erkrankungen der Verdauungsorgane beim Schaf den Tierarzt hinzuzuziehen. Die Schafe haben bei einer Darmentzündung

Unser altes Herdwick-Schaf hat einen stark bewollten Schwanz, den man aufmerksam pflegen muss. Auf diesem Foto ist die letzte Schur etwa zwei Monate her und die Wolle noch nicht so dick. Trotzdem muss immer wieder kontrolliert werden, ob sich unter dem Schwanz keine Fliegenlarven eingenistet haben. Foto © Janine Hegendorf

Die Sache mit dem Schafschwanz

In der natürlichen Schafhaltung entscheidet man sich gegen das Kupieren des Schwanzes mit einem Gummiring. Berufsschäfer mit vielen Tieren unterbinden in den ersten acht Lebenstagen des Lamms die Blutzufuhr am oberen Teil des Schwanzes mit einem Gummiring. Der untere Teil fällt dann nach etwa zwei Wochen ab. Diese Form des Kupierens ist erlaubt, da sie dem Schaf keine Schmerzen bereiten soll.

Bei einem langen Schwanz, der stark bewollt ist, muss man auf Hygiene achten, damit sich Kot und Urin nicht in der Wolle festsetzen und Parasitenbefall begünstigen. Regelmäßiges Scheren und Reinigen des Schwanzes schafft Abhilfe. Einige Rassen, wie die Milchschafe, haben einen langen Schwanz ohne Wolle, sodass sich bei ihnen die Frage gar nicht stellt.

blutigen Durchfall und magern in kurzer Zeit schnell ab. Eine Darmentzündung wird durch Keime verursacht, die die Tiere im Stall und auf der Weide aufnehmen können. Zur Behandlung wird ein passendes Antibiotikum eingesetzt, das der Tierarzt verschreibt.

→ Vorbeugung und Behandlung

Auch hier ist Sauberkeit im Stall und auf der Weide essenziell, schafgerechte Fütterung und die zusätzliche Gabe von Vitaminpräparaten (die auch in Bioqualität erhältlich sind) und einem Zusatzfutter mit Mineralien und Spurenelementen ist ebenso wichtig wie ein gutes Weidemanagement (siehe Kapitel Offenstall und Weide).

Schafrotz

Diese Erkrankung der Atemwege kann auch Schafe treffen, die unter optimalen Haltungsbedingungen leben. Es zeigt sich ein deutlicher, oft eitriger Nasenausfluss, außerdem haben die Tiere Atemprobleme und husten gelegentlich.

→ Vorbeugung und Behandlung

Eine Vorbeugung ist leider kaum möglich. Bei der Behandlung mit Antibiotika muss erst der Nachweis des Erregers erfolgen, um gezielt behandeln zu können. Eine zusätzliche Verabreichung entzündungshemmender Präparate erscheint sinnvoll.

Vergiftungen

Vergiftungen durch Pflanzen kommen nur selten vor, da Schafe diese meiden, wenn sie ansonsten ausreichend zu fressen haben. Eine Vergiftung durch direkte Aufnahme eines Düngemittels auf der Weide kann nicht immer eindeutig diagnostiziert werden, weil betroffene Schafe Krankheitsanzeichen zeigen, die auch auf andere Krankheiten hindeuten können. Eine Vorbeugung ist aber möglich, indem man seine Schafe erst dann wieder auf eine gedüngte Weide lässt, wenn es nachhaltig geregnet hat. Warte lieber etwas länger und lasse die Weide noch eine Weile ruhen.

Bei Vergiftungen können Schafe unter anderem apathisches Verhalten zeigen, möglicherweise

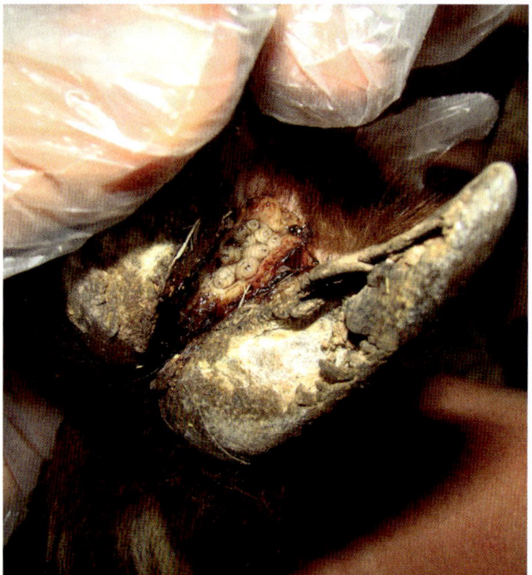

Hier haben sich die Fliegenlarven in eine Wunde zwischen den Klauen eingenistet und sich zu Maden entwickelt. Dringende Behandlung ist nötig, um das Schaf zu retten. Die regelmäßige Pflege und Desinfektion der Klauen beugt der Myiasis vor. Foto © Shutterstock/Dr. MYM

Natürliche Mittel versus Chemie

Sosehr ich bei der natürlichen Schafhaltung für den Einsatz pflanzlicher Mittel bin, so wichtig finde ich es auch, ein erkranktes Schaf von Anfang an so zu behandeln, dass ihm geholfen wird und dass es schnell wieder gesund werden kann. Heilkräuter wie Brennnessel, Schafgarbe, Fenchel und Rosmarin setze ich deshalb vor allem zur Vorbeugung ein. Ein Ergänzungsfuttermittel, das Kräuter, Mineralstoffe, Vitamine und Spurenelemente enthält, ist dafür eine gute Wahl, da die enthaltenen Mengen optimal auf die Bedürfnisse von Schafen ausgelegt sind.

Achtung: Schafe vertragen kein Kupfer!

Kupfervergiftungen können alle Wiederkäuer betreffen, da sie nur eine geringe Menge Kupfer vertragen. Eine Kupfervergiftung bei Schafen droht, wenn sie zum Beispiel versehentlich Pferdefutter fressen, in dem Kupfer enthalten ist.

auffallend viel trinken, stark husten und blutigen Durchfall haben. Der Tierarzt behandelt mit kreislaufstärkenden Mitteln, eventuell Glaubersalz zum Ausschwemmen des giftigen Stoffs, mit Medikamenten zur Förderung der Nierenfunktion und, wenn vorhanden, mit Gegenmitteln.

Meldepflichtige Schafkrankheiten

Die Blauzungenkrankheit ist eine Infektionskrankheit. Sie wird durch ein Virus verursacht, das nicht auf Menschen übergeht. Eine Mückenart, die zu den sogenannten Gnitzen gehört, ist der Überträger dieser meldepflichtigen Tierseuche. Die Schleimhaut der Tiere, vor allem die Zunge, schwellen stark an und werden bläulich oder blutig. Die betroffenen Schafe können kein Futter mehr aufnehmen und sind insgesamt in einem schlechten Allgemeinzustand. Die Tiere haben Schmerzen und müssen dringend vom Tierarzt behandelt werden.

Scrapie ist vergleichbar mit BSE bei Rindern. Wenn man Tiere exportieren oder importieren möchte, müssen sie von einem Amtstierarzt auf diese Krankheit hin überprüft werden. Auch die Maul- und Klauenseuche ist eine meldepflichtige und hochansteckende Tierseuche, die sich bei Schafen vor allem durch hochgradige Lahmheiten und auffällige Schleimhautveränderungen äußert. Erwachsene Tiere können diese Krankheit überleben, es sei denn, der gesamte Bestand muss wegen der Tierseuchenverbreitung getötet werden.

Das Maedi-Visna-Virus kann zu einer chronischen Erkrankung der Lunge und des Nervensystems führen. Eine Infizierung mit dem Virus muss aber nicht zwangsläufig zum Ausbruch der Krankheit führen.

Bei der Listeriose gibt es verschiedene Erscheinungsformen, die häufigste ist die zerebrale Form, bei der die Schafe teilnahmslos mit gesenktem Kopf herumstehen, sich an den Stallwänden abstützen und zusätzlich eine starke Bindehautentzündung haben. Lämmer mit Listeriose haben starken Durchfall, Fieber und trinken nicht oder wenig. Diese Krankheit endet in den meisten Fällen leider tödlich, eine Behandlung der Form, die ausschließlich als starke Bindehautentzündung auftritt, ist möglich.

Auch wenn die Beschreibungen dieser Krankheiten erschreckend klingen, sollten sie dich nicht davon abhalten, dir Schafe anzuschaffen. Zum einen hat man diese Erkrankungen zurzeit recht gut im Griff, zum anderen gibt es viele gesunde Schafbestände, in denen keine dieser Seuchen bisher aufgetreten ist. Es ist allerdings wichtig, Schafe vor dem Kauf untersuchen zu lassen und zu vermeiden, dass man sich bereits erkrankte Tiere in einen gesunden Bestand holt.

Die wichtigsten meldepflichtigen Schafkrankheiten

- Blauzungenkrankheit
- Scrapie
- Maul- und Klauenseuche
- Maedi-Visna-Virus
- Listeriose

Vier Schafpersönlichkeiten mit Charakter. Für welche Rasse entscheidest du dich?

© Shutterstock/Jill Copeland

SCHAFRASSEN FÜR

Eindrucksvolle Hörner, seltene Rassen und Schafe mit besonders hochwertigen Wollsorten machen etwas her auf der Wiese, können aber den frischgebackenen Schafhalter auch leicht überfordern.

Robust, unkompliziert und leicht zu pflegen …

ANFÄNGER

Das Einfachste ist, wenn du dir deine ersten Schafe von jemandem bringen lässt, der sie sicher und schafgerecht transportieren kann.
Foto © Shutterstock/OtmarW

Die schnellen Fluchttiere müssen regelmäßig auf eine andere Weide gebracht, für Kontrolle und Schnitt der Klauen, die Schur und andere pflegerische oder medizinische Aktivitäten ruhig und sicher eingefangen werden. Das anschließende Hinsetzen des Schafs braucht ebenfalls Erfahrung und die richtigen Griffe. Aufgrund der Größe, des Gewichts und der Kraft, die verschiedene Schafrassen mitbringen, ergeben sich deshalb unterschiedliche Schwierigkeitsgrade für das Handling der Tiere.

Damit die Schafhaltung von Anfang an Spaß macht und gelingt, empfehle ich, mit einer Schafrasse zu beginnen, die den Hobbyschäfer nicht gleich vor große Herausforderungen stellt. Besonders kleine Rassen wie die Ouessant-Schafe oder die Shetland-Schafe machen es leichter, die nötigen Handgriffe zu lernen und den Tieren nicht durch Unerfahrenheit zu schaden. Coburger Fuchsschafe und Scottish Blackface sind für den Start ebenfalls gut geeignet. Bei den Kamerunschafen kann man sich das Scheren sparen, und die Wolle der Gotland-Schafe hat eine einzigartige Wollqualität. Jede Rasse hat Besonderheiten und Vorzüge, allen gemein ist, dass es nicht schwierig ist, sie zu halten.

Wo bekomme ich denn meine Schafe her?

Sobald du weißt, welche Rasse dir gefällt, machst du gleich einen Ortstermin bei einem Schäfer, der deine favorisierten Schafe anbietet. So bekommst du einen Eindruck von der Haltung der Muttertiere, kannst dir das Handling zeigen lassen und nach Gefühl (und mit ein bisschen Vernunft) entscheiden, welche Rasse zu dir passt. Der Kontakt zu einem professionellen Schäfer oder einem erfahrenen Hobbyschafhalter ist Gold wert, wenn du einmal Hilfe brauchst. Da man ja nicht täglich Schafe kauft, lohnt sich auch ein weiterer Weg. Es muss allerdings gewährleistet sein, dass die Schafe sich fachgerecht untergebracht auf die Reise machen. Wenn der Schäfer bereit ist, die Tiere gegen Bezahlung in ihr neues Zuhause zu bringen, ist das die entspannteste Lösung. Sonst muss man jemanden bitten, der einen Schaf- oder Pferdeanhänger hat und der helfen kann, die neuen Mitbewohner respektvoll auf- und abzuladen.

Natürlich kann man Schafe aus schlechter Haltung retten, einen Gnadenhof unterstützen und Lämmer mit der Flasche aufziehen. Erfahrungsgemäß ist das allerdings schon Schafhaltung für Fortgeschrittene. Möglicherweise sind die Schafe krank und brauchen spezielle Pflege, vielleicht sind sie traumatisiert und deshalb scheu und unruhig, oder sie sind so alt, dass sie ebenfalls erfahrene Hände brauchen, damit sie nicht leiden. Zudem kann es schwierig sein, einzelne Schafe in eine Herde zu integrieren. Wenn die bestehende Gruppe den Neuankömmling nicht mag, kann er richtiggehend gemobbt und im schlimmsten Fall sogar verletzt werden. Wenn die Infrastruktur für die Schafhaltung steht und man einige Erfahrungen gesammelt hat, kann man sich auch an Schafe heranwagen, die liebevolle Hilfe brauchen.

Egal woher das erste eigene Schaf kommt, es sollte niemals alleine leben. Da männliche Tiere miteinander konkurrieren, sobald sie geschlechtsreif werden, muss man zwei weibliche Tiere kaufen. Auch kastrierte Schafböcke machen gerne noch untereinander Randale und sind deshalb für Einsteiger nicht zu empfehlen. Und nicht zuletzt deckt ein geschlechtsreifer Bock ein weibliches Tier und die weiblichen Nachkommen immer wieder, sodass die Anschaffung eines männlichen und eines weiblichen Tieres unkontrollierte Verpaarung und schließlich Inzucht mit sich bringen würde.

Was kostet ein Schaf?

Je nach Rasse und Alter sind die Preise für Schafe unterschiedlich. Wie bei allen Tieren sollte der Anschaffungspreis nicht ausschlaggebend sein. Für ein gesund und natürlich aufgezogenes Lamm, das von einem Schäfer stammt, der Herdbuchzucht (Register für Zuchttiere für den sorgfältigen Erhalt der Rasse) betreibt, bezahlt man zwischen 200 und 300 Euro. Der Einsatz lohnt sich, denn man kann davon ausgehen, ein gesundes Tier zu sich zu nehmen, mit dem man eine eigene kleinere oder größere Herde aufbauen kann.

Bei Hobbyschafhaltern kann man auch Schafe bekommen, die nicht ins Herdbuch eingetragen sind. Es sind dann häufig Mischlinge, die zufällig entstanden sind oder weil der Schafhalter die Kombination von zwei bestimmten Rassen besonders mag. Diese Schafe sind etwas günstiger und machen genauso viel Spaß. Wer aber zum Erhalt alter Haustierrassen beitragen möchte, der sollte gleich mit Herdbuchtieren beginnen.

Vielleicht gibt es auch jemanden, der dir seine Schafe schenken möchte, weil die Schafhaltung beendet wird oder weil Lämmer vor der Schlachtung gerettet werden sollen. Um nicht von unübersehbaren Folgekosten überrascht zu werden, ist es für den beginnenden Schafhalter hilfreich, sich vor der Adoption von jemandem beraten zu lassen, der den Gesundheitszustand und das Alter der Tiere einschätzen kann. Sonst beginnt das Leben mit den Schafen gleich mit einem Berg voller Sorgen und hohen Kosten, und es kann passieren, dass die Schafhaltung schneller zu Ende geht, als einem lieb ist.

Rassen für einen unkomplizierten Start

In diesem Kapitel stelle ich Rassen vor, mit denen man einfach und unkompliziert ins Schäferleben hineinwachsen kann. Die Porträts enthalten wesentliche Merkmale der Rasse, damit du einen guten Überblick bekommst. So kannst du schauen, welche Rasse dich anspricht. Auch die Haltung verschiedener Rassen ist eine Option. Für den Anfang würde ich allerdings davon abraten, denn die Kombination verschiedener Größen, Temperamente und Charaktere kann herausfordernder sein, als man denkt. Auch bei unserer gemischten Schafhaltung ist zu beobachten, dass die einzelnen Rassen Gruppen bilden, die zwar friedlich nebeneinanderher leben, aber nicht wirklich etwas miteinander zu tun haben wollen. Eine kleine homogene Herde mit wenigen Tieren (zwei bis vier) ist am leichtesten zu betreuen. Wenn die Muttertiere gedeckt werden und in Gesellschaft der anderen Schafe ablammen, können die weiblichen Tiere auf Dauer integriert werden. So wächst die kleine Herde hinterm Haus stetig, ohne, dass sie zur Überforderung wird.

Foto © Gerard Koudenburg

Foto © Tony Mills

Ouessant-Schaf (1)

Das Ouessant-Schaf zählt zu den kleinsten Schafen der Welt. Es stammt ursprünglich aus der Bretagne und wird deshalb auch als Bretonisches Schaf bezeichnet. Diese kleine Rasse eignet sich für Anfänger aufgrund der Größe und der geringen Ansprüche ganz besonders. Ouessant-Schafe sind ziemlich anspruchslos und kommen mit relativ kleinen Weiden aus. Die männlichen Tiere haben Hörner, die weiblichen Tiere sind hornlos. Es reicht, diese Schafe einmal im Jahr zu scheren, die Wolle ist fetthaltig und lässt sich aufgrund der Faserlänge erfolgreich verspinnen.

Foto © Kirsten Warner

Shetland-Schaf (2)

Die kleinen, feinen und langlebigen Schafe dieser alten nordischen Landrasse gibt es in großer Farbvielfalt mit hellen und dunklen Vliesen. Viele Shetland-Schafe verlieren ihre Wolle im Frühjahr ganz oder teilweise. Man kann die Wollreste abzupfen und braucht die Schafe deshalb nicht unbedingt zu scheren. Sie können Wind und Wetter tapfer trotzen und sind auch sonst sehr genügsam. Die Hörner der Böcke sind spiralförmig, die Mutterschafe haben keine Hörner.

Skudde (3)

Eine alte Landschafrasse, die wie die Heidschnucken zu den nordischen Kurzschwanzarten gehört. Genau wie die Ouessant-Schafe und die Shetland-Schafe sind sie sehr klein und damit optimale Anfängerschafe. Skudden gedeihen auch auf kargen Böden und brauchen nur einen einfachen Unterstand, der sie vor extremen Wetterbedingungen schützt. Die Skudden-Böcke haben wunderschöne gedrehte Hörner, die weiblichen Tiere sind hornlos. Die dreischichtige Mischwolle dieser Rasse lässt sich angenehm filzen.

Soay-Schaf (4)

Tiere dieser ursprünglichen Rasse haben eine ähnliche Farbe wie der europäische Mufflon, von dem unsere Hausschafe abstammen. Auch Soay-Schafe

4

Foto © Oliver Bevan

5

Foto © DR pics

verlieren ihre Wolle und müssen deshalb nicht geschoren werden. Sie haben ihren Namen von der schottischen Insel Soay, auf der es noch wilde Populationen gibt. Wer eine Rasse für die Arbeit mit Border Collies oder anderen Hütehunden sucht, ist bei den kleinen, zähen Tieren an der falschen Adresse, weil sie sich wie Wildtiere scheu und flüchtig verhalten.

Kamerunschaf (5)

Die Zwergschafrasse stammt aus Westafrika. Die Schafe haben Deckhaare und Unterwolle, die sie von selbst verlieren, wenn es wärmer wird. Deshalb werden Kamerunschafe nicht geschoren und sind auch sonst pflegeleicht. Allerdings sind diese Schafe eher scheu und lassen sich nicht immer leicht einfangen. Außerdem können sie verhältnismäßig hoch springen, deshalb empfiehlt es sich, eine nicht zu niedrige Umzäunung anzubringen. Männliche Kamerunschafe haben Hörner.

Coburger Fuchsschaf (6)

Feine, wunderschöne rötliche Farbe, die vor allem am Kopf und an den unbewollten Beinen erkennbar ist, kennzeichnet diese mittelgroße alte Landschafrasse. Die Lämmer haben ebenfalls einen roten Farbton, der bei älteren Schafen zu einem goldenen Schimmer wird. Die hornlosen Coburger Fuchsschafe sind genügsam und widerstandfähig und eignen sich hervorragend für die Haltung am Haus. Die mittelfeine Wolle lässt sich ausgezeichnet verspinnen, weben, stricken und filzen. Das Fleisch der Schafe wird unter Feinschmeckern besonders geschätzt.

Scottish Blackface (7)

Diese robuste Rasse stammt aus dem schottischen Hochland und ist schon sehr alt. Es gibt drei verschiedene Typen mit unterschiedlicher Größe, Wolllänge und Wollqualität. In Deutschland, Österreich und der Schweiz findet sich in den Herdbuchzuchten meist der mittelgroße Typ mit langer grober Wolle,

6

Foto © DR pics

Foto © Ales Cooper Photography

Foto © Jane Stanley

die sich für die Herstellung von Teppichen, aber auch für das Weben von kräftigen Tweedstoffen eignet. Die gehörnten Schafe haben reinweiße Wolle und den typischen schwarzen oder schwarz-weiß gefleckten Kopf sowie schwarz-weiß gefleckte Beine. Diese Rasse ist wenig krankheitsanfällig und genügsam.

Zwartbles-Schaf (8)

Das Schaf mit dem schwarzbraunen Kopf und der weißen Blesse stammt aus den Niederlanden. Die Rasse ist noch recht jung, aber die schönen und relativ großen Schafe haben sich auch in der Hobbyschafhaltung schon bewährt. Verschiedene niederländische Schafrassen wurden gekreuzt, und herausgekommen ist ein ruhiges Schaf mit freundlichem Charakter, das man leicht zahm bekommen kann. Diese Schafe sind relativ hochbeinig und gut bemuskelt, aber trotzdem auch für Anfänger leicht zu pflegen.

Gotland-Schaf (9)

Die Schafe von der schwedischen Insel Gotland sind Pelzschafe, deren hell- bis dunkelgraue Wolle fein und gekräuselt ist. Die freundlichen Tiere werden erfreulich anhänglich, sind auf der Weide aber oft auch aktiv, sodass man als Einsteiger erst einmal lernen muss, mit den munteren Tieren umzugehen. Die die starken und robusten Gotland-Schafe gehören zu den nordischen Kurzschwanzrassen. In der heutigen

Foto © Karin Jaehne

Foto © BildagenturZoonarGmbH

Zucht sind die Gotland-Schafe hornlos, es gibt aber eine Rasse ähnlichen Ursprungs, das Guteschaf, bei dem beide Geschlechter behornt sind.

Milchschaf (10)

Milchschafe heißen so, weil sie für die Milchproduktion gezüchtet werden. Es gibt etwa zwölf verschiedene Rassen, von denen in Deutschland das ostfriesische Milchschaf am bekanntesten ist. Wenn du als Hobbyschafhalter gern Käse machen möchtest, ist das große freundliche Milchschaf eine gute Wahl. In Frankreich wird zum Beispiel der Roquefort-Käse aus der hochwertigen Milch der Lacaune-Milchschafe hergestellt, auch Joghurt, Fetakäse und Ricotta lassen sich damit produzieren. Bei den Milchschafen haben weder die männlichen noch die weiblichen Schafe Hörner.

Heidschnucke (11)

Zur Familie der Heidschnucken gehören verschiedene Unterarten, die allesamt genügsam und robust sind. Sie sind in Heidegebieten wie zum Beispiel der Lüneburger Heide als widerstandfähige Landschaftspfleger anzutreffen. Heidschnucken gehören zu den nordischen Kurzschwanzschafen, haben langes grobes Deckhaar und weiche Unterwolle. Sie sind besonders wetterunempfindlich, die Wolle ist allerdings so kratzig, dass ein Schnuckenpullover einen weniger angenehmen Tragekomfort bietet. Das Vlies der Heidschnucke eignet sich vor allem für die Herstellung von Matten und Teppichen. Es gibt gehörnte und ungehörnte Heidschnuckenarten. Wer seine Schafe schlachten lässt, wird viel Freude an einem Heidschnuckenfell haben.

Die Deck- und Ablammliste liegt im Stall bereit und wird auch dort ausgefüllt. Sie gehört zu den administrativen Aufgaben, an denen auch Hobbyschäfer nicht vorbeikommen.

Foto © Janine Hegendorf

RECHTLICHES

Auch als Hobbyschafhalter muss man hin und wieder im Büro sitzen und dafür sorgen, dass man mit seiner kleinen oder größeren Herde den rechtlichen Vorgaben genügt.

Was auch Hobbyschafhalter unbedingt beachten müssen

Insgesamt nimmt diese Arbeit aber vergleichsweise wenig Zeit in Anspruch, wenn man alles gut geregelt hat. In Deutschland, Österreich und der Schweiz gibt es Unterschiede, die man am besten bei den regionalen Behörden erfragen kann. Grundsätzlich müssen in allen drei Ländern ähnliche Auflagen erfüllt werden. Lass dich davon nicht abschrecken, denn wenn alles einmal läuft, kannst du einfach hin und wieder in deinen virtuellen oder analogen Schafe-Ordner schauen, um zu kontrollieren, was ansteht. Du führst Buch über deinen Bestand und trägst die Ohrmarkennummern deiner Schafe ein. Was du mit diesen Daten dann anfangen musst, erfährst du in diesem Kapitel.

Sachkundenachweis

Im Tierschutzgesetz ist vorgeschrieben, dass jeder Tierhalter über die nötige Sachkunde verfügen muss, damit sichergestellt ist, dass das Wohl der Tiere nicht gefährdet ist. Ich bin froh, dass es diese Anforderung gibt, denn leider ist es häufig so, dass aus Unwissenheit Fehler gemacht werden, die den Tieren schaden können.

Auch wenn der Sachkundenachweis in Deutschland und Österreich noch nicht gesetzlich geregelt ist, halte ich es für wichtig, dass man die erforderlichen Grundkenntnisse hat, bevor man mit der Schafhaltung beginnt. In der Schweiz muss der Sachkundenachweis erbracht werden, wenn man mehr als zehn Schafe hält. Schafzuchtverbände und Landwirtschaftskammern bieten entsprechende Kurse an, mit denen der Nachweis der Sachkunde erbracht werden kann. Aktuelle Auskunft geben die Landwirtschaftskammern der jeweiligen Bundesländer und Kantone.

Meldepflicht, Kennzeichnungspflicht, Versicherung

Meldepflicht

In Deutschland müssen Schafe bei der sogenannten HIT Datenbank gemeldet werden. Die Abkürzung steht für das „Herkunftssicherungs- und Informationssystem für Tiere" der Landwirtschaftskammer. Für diese Meldung sind die Ohrmarken erforderlich

Check für Schafhalter

- ☐ Sachkundenachweis erforderlich?
- ☐ Bestandsliste
- ☐ Schafe melden
- ☐ Schafe richtig kennzeichnen
- ☐ Versicherung abschließen
- ☐ Sonstige Vorschriften

Schafe melden nicht vergessen!

Deutschland: HIT Datenbank (Herkunftssicherungs- und Informationssystem Tiere)

Österreich: VIS (Veterinärinformationssystem)

Schweiz: TVD (Tierverkehrsdatenbank)

Adressen im Anhang

(siehe Kennzeichnungspflicht), deren Daten eingetragen werden. Auf diese Weise kann das Tier immer eindeutig identifiziert werden. Das ist besonders wichtig, wenn es zu einer Seuche kommt. Bekanntestes Beispiel dafür ist die Maul- und Klauenseuche, die zuletzt in den 1980er Jahren aufgetreten ist.

Man bekommt eine Betriebsnummer und jährlich die Aufforderung, den aktuellen Tierbestand durchzugeben. Im Fall einer Seuche kann der Schafhalter dann Leistungen in Anspruch nehmen, die von der Landwirtschaftskammer optional angeboten oder verpflichtend sind.

In Österreich müssen Schafe beim VIS (Veterinärinformationssystem) gemeldet werden. Dazu gibt es regionale Meldestellen, die über die Website des VIS ermittelt werden können. In der Schweiz ist die TVD (Tierverkehrsdatenbank) die Sammelstelle für die Meldedaten der wolligen Vierbeiner. Private Tierhalter erhalten auch in Österreich und in der Schweiz eine Betriebs- oder Registriernummer.

In allen drei Ländern ist die Meldung der Schafe gesetzlich vorgeschrieben. Nichteinhaltung kann bei einer Kontrolle ein Bußgeld in nicht unerheblicher Höhe mit sich bringen. Die Meldung ist mit Kosten verbunden, diese richten sich nach der Anzahl der gehaltenen Tiere und kann je nach Land abweichen. Wenn man die Tiere einmal gemeldet hat, bekommt man jährlich einen Aufruf zur aktuellen Tierbestandsmeldung.

Kennzeichnungspflicht

Auch wenn sie nicht schön aussehen: Um die Ohrmarken kommt man bei Schafen nicht herum, denn die Kennzeichnungspflicht ist gesetzlich geregelt. Die Ohrmarken enthalten einen Mikrochip, dessen Nummer dem Schaf zugeordnet ist. Dieser wird bei Bedarf mit einem elektronischen Lesegerät abgelesen.

Es gibt zwar die Möglichkeit, sich für nur eine Ohrmarke zu entscheiden, in dem Fall muss das Schaf aber mit einem elektronischen Transponder gekennzeichnet werden, der über das Maul in den Grasmagen (Pansen) eingeführt wird und dort auch bleibt. Der Transponder befindet sich in einer Keramikumhüllung, die sich nicht zersetzt und dem Schaf nicht schadet. Je nachdem, welches Kennzeichnungssystem der Züchter hat, bei dem man sein Schaf kauft, muss man selbst beziehungsweise das Schaf sowieso damit leben. Bei der Kennzeichnung selbst gezogener Lämmer kann man sich dann für eine der beiden Versionen entscheiden, wobei ich von Berufsschäfern immer wieder höre, dass sich der Keramiktransponder nicht bewährt und deshalb kaum noch eingesetzt wird.

Gesetzlich verpflichtete Kennzeichnung Schafe

- ☐ spätestens bis zum 9. Lebensmonat
- ☐ Ohrmarke und Keramik-Bolus mit Transponder

oder

- ☐ zwei Ohrmarken, davon eine mit Transponder

Bitte keine großen Ohrmarken an kleinen Schafohren anbringen, sie können ausreißen und Schmerzen verursachen. Erfreulicherweise gibt es sie auch in klein. Einige Bezugsadressen für kleine Ohrmarken habe ich im Anhang aufgeführt.

Schafe müssen spätestens bis zum neunten Lebensmonat gekennzeichnet werden. Wenn man den Nachwuchs seiner Schafe aber vorher abgeben möchte, müssen sie unbedingt gekennzeichnet sein, sobald sie den Hof verlassen. Schafe, die nicht im ersten Lebensjahr geschlachtet werden, erhalten eine gelbe Ohrmarke. Wenn man sich entscheidet, Lämmer bis zum zwölften Monat schlachten zu lassen, müssen sie vom neunten Monat an mit einer weißen Ohrmarke gekennzeichnet werden.

Ohrmarken und Keramikhülle des Transponders werden mit der Betriebsnummer und einer fortlau-

Die Kennzeichnung von Schafen mit Ohrmarken oder Transpondern ist gesetzlich vorgeschrieben. Dieses Schaf hat zwei Ohrmarken, von denen eines den Mikrochip enthält.
Foto © Janine Hegendorf

fenden Nummer beschriftet. Die Betriebsnummer erhält man über die jeweilige Datenbank (siehe Meldepflicht). Man kann Ohrmarken nur dann bestellen, wenn die Schafe auch ordnungsgemäß gemeldet sind, denn man muss die Betriebs- oder Registrierungsnummer angeben. Wer Mitglied in einem Schafzuchtverband ist, kann die Ohrmarken über den Verband beziehen.

Hat man sich einmal in eine bestimmte Rasse verliebt, ist es sinnvoll, sich an den Verband zu wenden. Dort kann man nämlich nicht nur Schafe bekommen, sondern auch Unterstützung und Beratung. Meist gibt es erfahrene Mitglieder in der Nähe, die bei der Kennzeichnung der Schafe helfen können. Auch ein auf Schafe spezialisierter Tierarzt kann die Schafe kennzeichnen, sobald dies erforderlich ist.

Versicherung

Nicht auszudenken: Deine Schafe brechen aus und verursachen einen Unfall, bei dem Menschen zu Schaden kommen. Dieser Albtraum jeden Tierhalters stellt das vielleicht im ersten Moment lästig erscheinende Thema Versicherung gleich in ein anderes Licht. Jeder Schafbesitzer ist bestrebt, alles Erdenkliche zu tun, damit das nicht passiert. Aber die Tatsache, dass Schafe Fluchttiere sind, verstärkt noch einmal die Notwendigkeit äußerster Umsicht und adäquater Absicherung.

Als privater Schafhalter haftet man für Schäden, die durch die Schafe verursacht werden. Im schlimmsten Fall kann das immense Kosten nach sich ziehen, gegen die man sich mit einer entsprechenden Versicherung schützen kann. Es gibt private Haftpflichtversicherungen, die kleinere Weidetiere mit einschließen, selbstverständlich ist das jedoch nicht. Erkundige dich bei deinem Versicherungsberater nach den Möglichkeiten und schließe eine Versicherung ab, bevor du deine Schafe abholst. Sobald sie dir gehören, bist du nämlich verantwortlich und auch auf dem Transport kann etwas Unerwartetes passieren. Wenn die private Haftpflicht die Tiere nicht mitversichert, muss eine entsprechende Tierhalterhaftpflicht abgeschlossen werden. Fast alle Versicherungsunternehmen bieten diesen Service an.

Was sonst noch wichtig ist

Schafe am Haus oder auf einer gepachteten Weide zu halten, bringt noch eine ganze Reihe anderer Verpflichtungen mit sich, die man in verschiedenen Situationen beachten muss. Sie spielen unter anderem dann eine Rolle, wenn die Tiere transportiert oder geschlachtet werden und im Fall einer Tierkörperbeseitigung nach dem Tod des Schafs auf der Weide oder im Stall. Es macht keinen Spaß, darüber nachzudenken, trotzdem ist es hilfreich, wenn man Bescheid weiß, was im Ernstfall zu tun ist. Haustierarzt oder Schafverband sind sicher bereit, Unterstützung zu gewähren, wobei ich es für selbstverständlich halte, eventuelle Dienstleistungen immer angemessen zu bezahlen. Bei der Anwendung von Medikamenten und eventuellen Impfungen berät der Tierarzt über die einzuhaltenden Wartezeiten und das Führen einer entsprechenden Dokumentation.

Nicht nur das Tierschutzgesetz spielt bei der Schafhaltung eine Rolle, zusätzlich gilt es, das Baurecht beim Stallbau und bei der Errichtung von Unterständen zu beachten. Je nachdem, was wo gebaut wird, müssen bestimmte Maße eingehalten oder mobile Unterstände eingesetzt werden.

Wer Begrasungsflächen in Landschafts- oder Naturschutzgebieten zur Verfügung gestellt bekommt, muss sich mit der zuständigen Behörde über die dort geltenden Vorschriften auseinandersetzen und diese einhalten. Diese gelten auch für die Düngung von Weideflächen. Wir haben unsere Weiden von zwei Landwirten gepachtet, die uns nicht nur bei der Weidepflege beraten, sondern diese teilweise auch mit den geeigneten Maschinen durchführen. So wird die Weide ein- bis zweimal jährlich ausgemäht und ruht danach bis zur Folgebeweidung.

Für Schafhalter, die Fleisch produzieren und Käse herstellen, greift das Lebensmittelgesetz, das die Hygienebedingungen mit einschließt. Auch wenn diese zum Teil recht aufwendig sind, hat bestimmt jeder dafür Verständnis, denn keiner von uns möchte wahrscheinlich Urheber des nächsten Lebensmittelskandals sein. Außerdem kann man seine selbst hergestellten Produkte dann mit einem guten Gefühl ab Hof oder auf Märkten verkaufen.

Janine Hegendorf

Einen Großteil der Fotos machte Janine Hegendorf, erfahrene Safarifotografin, Foodbloggerin und jetzt auch Schaf-Fan. Ihre Fotos sind weit mehr als praktische und hübsche Schaffotos: Sie zeigen die Liebe für diese besonderen Tiere und bilden die Schafe als beeindruckende Persönlichkeiten ab.

Foto © Jil Ziegner

DANKE

Dieses Buch habe ich geschrieben, während ich von meinem Schreibtisch aus die Schafe sehen konnte. Sie haben mich inspiriert, über sie zu berichten, und ihr freundliches Blöken hat den Prozess begleitet. Ich freue mich, dass die meisten von ihnen auf den Fotos abgebildet sind, und ich danke vor allem der guten alten Emeline für ihr inspirierendes Lächeln.

Wenn ich zu einem fachlichen Thema professionellen Rat brauchte, konnte ich mich immer an Karin Handel-Paul und Barbara Constantin wenden, die auch beruflich mit Schafen zu tun haben. Danke, dass ihr euer Wissen und eure Erfahrung mit mir geteilt habt und dass wir eure verschiedenen Herden fotografieren durften. Ein besonderer Dank geht an Antonia Constantin, die uns bei den Fotoshootings ihre Lieblingslämmer persönlich vorgestellt hat.

Janine Hegendorf danke ich von Herzen für die seelenvollen Schaffotos. Ich weiß, dass du neben der Food-Fotografie leidenschaftliche Safari-Fotografin bist und wilde Tiere an Orten abgelichtet hast, an denen ich noch nie war. Umso großartiger finde ich es, dass du mit dem gleichen Einsatz wie im Nationalpark unsere Schafe hier am Niederrhein fotografiert hast.

Es ist mir eine große Ehre, dass Anne Krüger-Degener ein Vorwort zu diesem Buch geschrieben hat. Ich danke ihr für den passenden und liebevollen Text und für alles, was ich von ihr lernen durfte.

Dem gesamten Team des Cadmos Verlags, allen voran den Grafikerinnen Gerlinde Gröll und Greta Grünsteidl, danke ich für die wunderbare Unterstützung bei der Realisierung dieses Buches und die liebevolle Gestaltung. Naya Millán-Ruiz danke ich für die Gesamtbegleitung des Projekts. Mit euch Bücher machen zu dürfen, ist ein Geschenk.

Meinem Mann Frank Fritschy danke ich für die wie immer unermüdliche Begleitung in den intensiven Monaten des Schreibens. Gerade in dieser Zeit ist es so wertvoll, wenn selbstverständlich für das Catering gesorgt wird und jemand da ist, der einem den Rücken freihält.

Nicht zuletzt danke ich meiner Border-Collie-Hündin Julie für ihre Geduld bei den Hütetrainings, die wir mitgemacht haben und bei denen ich mehr zu lernen hatte als sie. Kleiner Hund mit dem großen Herzen, ich bin so dankbar, dass es dich gab.

ANHANG

Bezugsquellen und andere hilfreiche Links

Schafzuchtverbände

Deutschland: www.schafe-sind-toll.com
Österreich: www.oebsz.at
Schweiz: www.sszv.ch

Meldepflicht Schafe

Schafe in Deutschland melden bei www.hi-tier.de
Schafe in Österreich melden bei https://vis.statistik.at
Schafe in der Schweiz melden bei www.blw.admin.ch

Kleine Ohrmarken für kleine Schafrassen

Deutschland: www.caisley.de
Deutschland, Österreich und Schweiz: www.allflex.global

Biestmilch kaufen

Biestmilch oder Kolostralmilch in Pulverform ist unter anderem bei diesen Anbietern erhältlich:
Deutschland: www.land-warenhaus.de
Österreich: https://agrarzone.at
Schweiz: www.swissbiocolostrum.com

Archehöfe (Erhalt und Zucht vom Aussterben bedrohter Haustierrassen)

Deutschland: www.g-e-h.de
Österreich: www.arche-hof.at
Schweiz: www.prospecierara.ch

Anne Krüger-Degener: Ökologische Schäferei und Tierschule

www.die-schaeferin.de
www.anne-krueger-degener.com

Janine Hegendorf

STICHWORTREGISTER